普通高等教育农业农村部"十三五"规划教材
"大国三农"系列规划教材

机械制造技术基础

侯书林　主编 >

中国农业出版社
北　京

图书在版编目（CIP）数据

机械制造技术基础 / 侯书林主编 . —北京：中国
农业出版社，2021.11
普通高等教育农业农村部"十三五"规划教材
ISBN 978 - 7 - 109 - 28236 - 0

Ⅰ.①机⋯　Ⅱ.①侯⋯　Ⅲ.①机械制造工艺－高等学
校－教材　Ⅳ.①TH16

中国版本图书馆 CIP 数据核字（2021）第 087731 号

中国农业出版社出版

地址：北京市朝阳区麦子店街 18 号楼
邮编：100125
责任编辑：甘敏敏　张柳茵　　文字编辑：赵星华
版式设计：杜　然　　责任校对：刘丽香
印刷：三河市国英印务有限公司
版次：2021 年 11 月第 1 版
印次：2021 年 11 月河北第 1 次印刷
发行：新华书店北京发行所
开本：787mm×1092mm　1/16
印张：10.75
字数：255 千字
定价：32.80 元

编写人员名单

主　编　侯书林（中国农业大学）

副主编　刘英超（北京农业职业学院）

　　　　王　龙（塔里木大学）

　　　　那明君（东北农业大学）

　　　　程新江（黑龙江八一农垦大学）

　　　　于春海（吉林农业大学）

参　编　简建明（中国农业大学）

　　　　王旭峰（塔里木大学）

　　　　刘婷婷（杭州电子科技大学）

前 言

FOREWORD

    本教材是根据教育部高等学校机械设计制造及其自动化专业教学指导分委员会建议的指导性教学计划和课程大纲，由中国农业出版社组织国内多所院校经验丰富的一线教师结合各自学校教学大纲和近年来教学改革成果编写而成，被农业农村部教材办公室列入农业农村部"十三五"规划教材。

    本教材共分七章，包括金属切削的基础知识、金属切削机床的基本知识、常用加工方法、齿轮齿形加工、精密加工和特种加工简介、机械加工工艺过程、先进制造技术等内容。每章后附有适量的复习思考题。力求理论联系实际，努力贯彻"少而精"的原则，通过较多的实例分析和图表运用，以较少的篇幅传递较多的信息，以利于读者理解和掌握。

    本教材突出教学的综合性和应用性，以适应教学改革的新要求。内容的取舍有一定的伸缩性，可适应不同专业、不同学时的教学需求，讲述深入浅出，有利于启发学生的思维，提高其学习兴趣。

    本教材可作为高等院校机械类、近机类各专业的教材和参考书，也可供工科类高职院校选用及机械制造工程技术人员学习参考。

    参加本教材编写的有中国农业大学侯书林、简建明，北京农业职业学院刘英超，塔里木大学王龙、王旭峰，东北农业大学那明君，黑龙江八一农垦大学程新江，吉林农业大学于春海，杭州电子科技大学刘婷婷。由侯书林负责组织编写并任全书主编，刘英超、王龙、那明君、程新江、于春海任副主编。

    在本教材的编写过程中，吸收了许多教师的宝贵意见，得到了中国农业出版社等单位有关工作人员的大力支持，在此一并表示诚挚的谢意。本教材参考和引用了一些文献中的内容和插图，所引文献均已列于书后，在此对原作者表示衷心的感谢。

    由于编者水平有限，书中存在不妥之处在所难免，衷心希望广大读者批评指正。

编 者

2021 年 1 月

目　录

CONTENTS

第一章

金属切削的基础知识

金属切削加工形式多样，但在很多方面，如切削运动、切削刀具及切削过程的物理实质等都有着共同的现象和规律。这些现象和规律是学习各种切削加工方法的共同基础。学习和掌握这些基础知识，掌握各种切削加工的共性，合理控制切削过程，是正确选择切削方法、切削刀具，合理制定切削参数，高效、经济生产机械零件的基础。

第一节　切削运动及切削要素

一、零件表面的形成及切削运动

在切削加工过程中，装在机床上的零件毛坯和刀具按一定的规律做相对运动，通过刀具切削刃的切削作用，把毛坯上多余的金属切除掉，从而获得表面形状和尺寸符合要求的零件。

机器零件因功能的不同而形状各异，但都是由最基本的圆柱面、圆锥面、平面、螺旋面、球面和成形面等几何表面组合而成，如图1-1所示。因此，只要能对这些基本表面进行加工，就基本上能完成所有机器零件表面的加工。任何表面都可以看作一条线（称为母线）沿另一条线（称为导线）运动的轨迹。母线和导线统称为形成表面的发生线。它们可以是直线也可以是曲线。

图1-1　机器零件

从几何学观点分析，当母线为直线、导线为圆时，在母线与导线的轴线分别呈平行、相交、异面这三种情况下，母线沿圆导线移动，分别形成圆柱面（图1-2a）、圆锥面（图1-2b）和双曲面（图1-2c）；母线为曲线，沿圆导线做回转运动形成成形面（图1-2d）；平面是以直线为母线，以另一直线为导线，母线沿导线做平移运动所形成（图1-2e）。组成工件轮廓的几种几何表面及其形成方法见图1-2。

尽管不同表面的加工方法不同，但形成表面的发生线都是由刀具切削刃和工件的相对运动轨迹决定的。切削刃的形状是指切削刃与工件表面相接触部分的形状。它和要形成的发生线的关系有如下三种：

切削刃的形状为点状（图1-3a）：切削刃与工件接触面积很小，可视为点接触。切削过程中刀具做轨迹运动得到发生线。

切削刃的形状为线状并与发生线相吻合（图1-3b）：切削时切削刃与被成形表面是线接触。刀具无需任何运动就可以得到所需的发生线，如成形车刀、成形铣刀等。

切削刃的形状为线状并与发生线不吻合（图1-3c）：切削时切削刃与被成形表面相切，可视为点接触。切削刃相对工件滚动（即展成运动），形成的发生线是刀具切削刃的包络线。刀具与工件间需要有共轭的展成运动，如齿条刀、滚齿刀、插齿刀等。

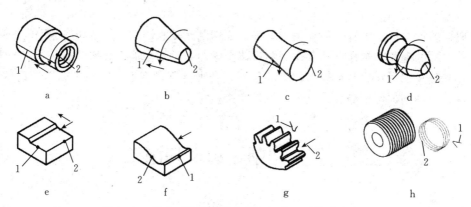

图1-2 组成工件轮廓的几种几何表面及其形成方法

a. 圆柱面 b. 圆锥面 c. 双曲面 d. 成形面 e. 平面 f. 直纹曲面 g. 齿轮 h. 螺纹

1. 母线 2. 导线

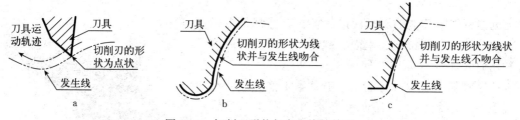

图1-3 切削刃形状与发生线的关系

a. 切削刃的形状为点状 b. 切削刃的形状为线状并与发生线吻合 c. 切削刃的形状为线状并与发生线不吻合

刀具与工件之间必须存在的相对运动，称为切削运动。根据在切削过程中所起的作用不同，一般把切削运动分为主运动和进给运动。

1. 主运动 主运动是指由机床提供的产生切削加工的主要运动。它促使刀具和工件之间产生相对运动，令刀具切削刃与工件相接触，使工件上多余金属层转变为切屑，从而形成工件新表面。主运动是速度最高、消耗机床功率最大并担负主要切削任务的运动。主运动可以是回转运动，也可以是直线运动，如车削时工件的回转运动、铣削时铣刀的回转运动、刨削时刨刀的往复直线运动、钻孔时钻头的回转运动。

2. 进给运动 进给运动是指由机床或人力提供的产生连续切削可能性的运动。它使刀具与工件之间产生附加的相对运动，令切削连续进行，获得所需几何特征的已加工表面。一一般情况下，进给运动速度比较低，消耗的功率比较小。如车削时车刀的纵向和横向直线运动（图1-4），铣削时工作台的纵向和横向直线运动，钻削时钻头的轴向运动，都属于进给运动。

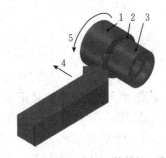

需要注意的是，对于普通机床一般只有一个主运动，但可以有一个或几个进给运动。主运动和进给运动可以由刀具与工件分别完成，也可以由刀具单独完成。切削运动的形式多种多样：有旋转运动，也有直线运动；有连续运动，也有间歇运动。

图1-4　切削运动与工件的加工表面
1. 待加工表面　2. 加工表面
3. 已加工表面　4. 进给运动　5. 主运动

二、切削用量与切削层参数

在切削过程中，通常工件上存在三个不断变化着的表面，如图1-4所示。它们分别是：已加工表面，工件上切除切屑后留下的表面；待加工表面，工件上将被切除切削层的表面；加工表面，工件上正在切削的表面，即已加工表面和待加工表面之间的表面。

切削用量是指切削加工时各运动参数的数值，用于调整机床。切削速度、进给量和背吃刀量是切削过程中不可缺少的关键因素，称为切削用量三要素。

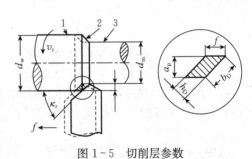

切削层是指工件上正被切削刃切削的一层材料，是工件每转一转，主切削刃移动一个进给量所切除的一层材料。如图1-5所示，切削层的几何参数通常在垂直于切削速度的平面内观察和度量，它们包括切削层公称厚度、切削层公称宽度和切削层公称横截面积。

图1-5　切削层参数
1. 待加工表面　2. 加工表面　3. 已加工表面

1. 切削速度 v_c　切削速度是指在单位时间内，刀具切削刃选定点相对于工件沿主运动方向的相对位移，单位为 m/s（或 m/min）。

当主运动是回转运动时，

$$v_c = \frac{\pi d n}{1\,000 \times 60}\ (\text{m/s}) \tag{1-1}$$

或

$$v_c = \frac{\pi d n}{1\,000}\ (\text{m/min}) \tag{1-2}$$

式中　d——工件待加工表面直径 d_w 或刀具直径 d_0（mm）；

　　　n——工件或刀具的转速（r/min）。

当主运动是往复运动时，

$$v_c = \frac{2 L n_r}{1\,000 \times 60}\ (\text{m/s}) \tag{1-3}$$

或

$$v_c = \frac{2Ln_r}{1\,000} \; (\text{m/min}) \qquad\qquad (1-4)$$

式中 L——往复运动行程长度（mm）；

$\quad\quad n_r$——主运动每分钟的往复次数（str/min）。

2. 进给量 f 进给量是指刀具在进给运动方向上相对工件的位移量，可用刀具或工件每转或每行程的位移量来表述和度量。例如车削时，工件每转一转，刀具所移动的距离为每转进给量，单位为 mm/r。又如在牛头刨床上刨平面时，刀具往复一次工件移动的距离，单位为 mm/str（毫米/双行程）。铣削时由于铣刀是多齿刀具，还常用每齿进给量 f_z 表示，单位为 mm/z（毫米/齿）。

单位时间的进给量，称为进给速度 v_f，单位为 mm/s。

显然，f_z、f、v_f 三者有下列关系：

$$v_f = fn = f_z zn \qquad\qquad (1-5)$$

式中 z——多齿刀具的刀齿数。

3. 背吃刀量 a_p 背吃刀量（切削深度）是指垂直于进给速度方向测量的切削层最大尺寸，单位为 mm。对于外圆车削来说（图 1-5），可以用待加工表面与已加工表面之间的垂直距离计算。即

$$a_p = \frac{d_w - d_m}{2} \qquad\qquad (1-6)$$

式中 d_w——待加工表面直径（mm）；

$\quad\quad d_m$——已加工表面直径（mm）。

4. 切削层公称厚度 h_D 切削层公称厚度是指垂直于加工表面度量的切削层尺寸（图 1-5），单位为 mm。车外圆时，若车刀的刃倾角 $\lambda_s = 0$，则

$$h_D = f \sin \kappa_r \qquad\qquad (1-7)$$

式中 κ_r——刀具切削刃在垂直于切削速度的平面内，投影与进给运动方向的夹角。

5. 切削层公称宽度 b_D 切削层公称宽度是指沿加工表面度量的切削层尺寸（图 1-5），单位为 mm。车外圆时，若车刀的刃倾角 $\lambda_s = 0$，则

$$b_D = \frac{a_p}{\sin \kappa_r} \qquad\qquad (1-8)$$

6. 切削层公称横截面积 A_D 切削层公称横截面积是指切削层在垂直于切削速度的截面内的面积，单位为 mm²。车外圆时，有

$$A_D = h_D b_D = f a_p \qquad\qquad (1-9)$$

第二节　刀具材料与刀具构造

刀具切削性能的优劣主要取决于刀具材料的切削性能、刀具角度和刀具结构。

一、刀具材料

1. 刀具材料应具备的性能 刀具材料是指刀具切削部分的材料。它在高温、高压下工

作，同时承受较大的切削力与剧烈的摩擦，在断续切削过程中还伴随着冲击和振动，引起切削温度的波动，因此应具备以下基本性能。

（1）高硬度：刀具材料的硬度必须高于工件材料的硬度，才能切下切屑。常温硬度一般要求在 60 HRC 以上。

（2）足够的强度和韧性：刀具必须有足够的强度和韧性，以便承受切削力和切削时产生的振动，防止刀具脆性断裂和崩刃。

（3）高耐磨性：刀具材料应具有高的抵抗磨损的能力，以保持切削刃的锋利。一般情况下，刀具材料的硬度越高，耐磨性越好。

（4）高耐热性：刀具材料在高温下应仍能保持硬度、强度、韧性和耐磨等性能，又称热硬性或红硬性。

（5）良好的工艺性：为便于刀具的制造，刀具材料应具有较好的锻造、热轧、焊接、切削加工和热处理等性能。

已开发使用的刀具材料各有其特性，但都不能完全满足上述要求。在生产中常根据被加工工件的材料性能及加工要求，选用相应的刀具材料。

2. 常用的刀具材料　当前使用的刀具材料分四大类：工具钢、硬质合金、陶瓷和超硬刀具材料。一般机械加工中使用最多的是高速钢和硬质合金。各类刀具材料适应的切削范围如图 1-6 所示。

（1）高速钢：高速钢是一种加入了较多 W、Mo、Cr、V 等合金元素的合金工具钢。其常温硬度为 62～66 HRC，抗弯强度约为 3.3 GPa，耐热温度在 600 ℃左右。普通高速钢允许的切削速度可达 0.5～0.6 m/s。与硬质合金相比，高速钢突出的优点是综合性能好。它的硬度、耐磨性、耐热性虽不及硬质合金，但它的强度高、韧性好、工艺性好，且容易磨出锋利的切削刃。因此，在

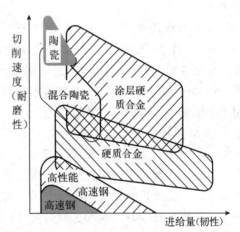

图 1-6　各类刀具材料适应的切削范围

复杂刀具制造中，高速钢仍占主要地位，如孔加工刀具、拉刀、螺纹刀具、齿轮刀具等。

常用的高速钢有普通高速钢、高性能高速钢和粉末冶金高速钢。

普通高速钢又分钨系高速钢和钨钼系高速钢。钨系高速钢的典型牌号为 W18Cr4V。该材料的优点是具有较好的综合性能。因含钒较少，刃磨工艺性好；淬火时过热倾向小，热处理控制较容易。缺点是碳化物分布不均，不宜制作大截面的刀具，且热塑性较差。因钨价高，国内外较少使用。钨钼系高速钢，如 W6Mo5Cr4V2，其热塑性及韧性比钨系高速钢好，可通过热轧工艺制作刀具，如扭槽麻花钻等。主要缺点是淬火温度范围窄，脱碳敏感性和过热敏感性高。

高性能高速钢是在普通高速钢的基础上增加了 C 和 V 的含量，添加了 Co、Al 等合金元素，进一步提高了耐热性和耐磨性，寿命为普通高速钢的 1.5～3 倍，适用于加工不锈钢、耐热钢、钛合金及高强度钢等难加工材料。典型牌号有高碳高速钢 9W18Cr4V、高钒高速钢 W6Mo5Cr4V2Co8 和超硬高速钢 W2Mo9Cr4VCo8 等。

粉末冶金高速钢是用超细的高速钢粉末通过粉末冶金的方式制作的刀具材料。其强度、韧性和耐磨性都有较大程度的提高，适用于制造切削难加工材料的刀具，特别适用于制造各种精密刀具和形状复杂的刀具。

（2）硬质合金：硬质合金是以 WC、TiC 和 TiN 等高硬度、难熔金属碳化物粉末为基体，Co（或 Mo）、Ni 等作为黏结剂，用粉末冶金的方法烧结而成。其常温硬度可达 89～94 HRA，在 800～1 000 ℃高温时，尚能保持良好的切削性能。在相同的寿命下，硬质合金刀具所允许的切削速度比高速钢刀具高 4～7 倍或更多。但硬质合金脆性较高，韧性较差，抗弯强度较低，同时工艺性较差，加工成形较困难，不易做成形状较复杂的整体刀具。一般制成各种形状的刀片，用焊接或机械方式装夹固定在刀杆上使用。

常用的硬质合金一般分为四大类：

① K 类硬质合金（红色）：相当于旧牌号的 YG 类硬质合金。K 类硬质合金是由 WC 和 Co 组成。这类合金的韧性较好，抗弯强度较高，热硬性稍差，适用于加工铸铁、有色金属等材料。其代号有 K01、K10、K20、K30 和 K40 等。代号中的数字越大，表示材料韧性与强度越高，而硬度和耐磨性越低。故 K01 用于精加工；K10、K20 用于半精加工；K30 用于粗加工。

② P 类硬质合金（蓝色）：相当于旧牌号的 YT 类硬质合金。P 类硬质合金是由 WC、TiC 和 Co 组成。由于 TiC 的熔点和硬度都比 WC 高，这类合金的热硬性比 K 类硬质合金高，耐磨性亦较好，适用于加工碳钢等塑性材料。其代号有 P01、P10、P20、P30 和 P40 等。代号中的数字越大，表示材料耐磨性越低而韧性越高。故 P01 用于精加工；P10、P20 用于半精加工；P30 用于粗加工。

③ M 类硬质合金（黄色）：相当于旧牌号的 YW 类硬质合金。M 类硬质合金是在 P 类硬质合金中加入适量的 TaC 或 NbC。这类合金的耐热性、耐磨性、抗弯强度和冲击韧性都有所提高，具有较好的综合性能，覆盖了 K 类硬质合金和 P 类硬质合金的应用范围。既能切削铸铁，又能切削钢材，特别适用于加工各种难加工的合金钢，如耐热钢、高锰钢和不锈钢等。其代号有 M10、M20、M30 和 M40 等。代号中的数字越大，表示材料耐磨性越低而韧性越高。故 M10 用于精加工；M20 用于半精加工；M30 用于粗加工。

④ 涂层刀具：涂层刀具是在韧性较好的硬质合金或高速钢刀具基体上，涂敷一薄层耐磨性较好的难熔金属化合物而获得的。常用的涂层材料有 TiC、TiN、Al_2O_3 等。TiC 的硬度比 TiN 高，抗磨损性能好，在容易产生剧烈磨损的条件下，TiC 涂层较好；TiN 与金属的亲和力小，在容易产生黏结的条件下，TiN 涂层较好；在高速切削产生大量热量的场合，应采用 Al_2O_3 涂层，因为 Al_2O_3 在高温下有良好的热稳定性能。涂层硬质合金刀片的寿命可提高 1～3 倍，甚至更多；涂层高速钢刀具的寿命则可提高 2～10 倍。

3. 其他刀具材料

（1）陶瓷：陶瓷是以 Al_2O_3 为主要成分，加少量添加剂，经高压压制烧结而成。刀具常用的陶瓷有纯 Al_2O_3 陶瓷和 TiC - Al_2O_3 混合陶瓷两种。陶瓷的硬度、耐磨性和热硬性均比硬质合金好，用陶瓷材料制成的刀具，适用于加工高硬度的材料。刀具硬度为 91～94 HRA，在 1 200 ℃的高温下仍能继续切削。陶瓷与金属的亲和力小，用陶瓷刀具切削不易粘刀也不易产生积屑瘤，工件加工表面粗糙度小。在加工钢件时陶瓷刀具的寿命是硬质合金的10～12 倍。但陶瓷刀片性脆，抗弯强度与冲击韧度低，一般用于铸铁、钢以及高硬度材料

（如淬火钢）的半精加工和精加工。

（2）人造聚晶金刚石（PCD）：人造聚晶金刚石是在高温高压下将金刚石微粉聚合而成的多晶体材料。其硬度极高，可达 10 000 HV，而硬质合金仅为 1 000～2 000 HV；耐磨性极好，其刀具耐用度比硬质合金刀具高几十倍甚至数百倍。但这种材料的韧性和抗弯强度很差，只有硬质合金的 1/4 左右；热稳定性也很差，当切削温度达到 700～800 ℃时，就会失去其硬度，因而不能在高温下切削；与铁的亲和力很强，一般不适宜加工黑色金属。人造聚晶金刚石主要用于制作磨具和磨料。用其制作的刀具多用于在高速下精细车削或镗削有色金属及非金属材料，尤其是切削硬质合金、陶瓷、高硅铝合金及耐磨塑料等高硬度、高耐磨性的材料时，具有很大的优越性。

近年来，为了提高金刚石刀片的强度和韧性，常把人造聚晶金刚石与硬质合金结合起来做成复合刀片，即在硬质合金的基体上烧结一层厚度约为 0.5 mm 的人造聚晶金刚石构成刀片。复合刀片综合切削性能很好，在实际生产中应用较多。

（3）立方氮化硼（CBN）：立方氮化硼也是在高温高压下制成的一种新型超硬刀具材料。其硬度仅次于金刚石，可达 7 300～9 000 HV，耐磨性很好，同时具有很好的热稳定性和化学稳定性，可耐 1 300～1 500 ℃的高温，并且不与铁族金属起反应。但立方氮化硼脆性大，切削时应避免冲击和振动。主要用于淬硬钢、耐磨铸铁、高温合金、硬质合金以及其他难加工材料的半精加工和精加工。

二、刀具角度

切削刀具的种类繁多，如车刀、铣刀、刨刀、钻头、滚刀等，其形状和结构各不相同。其中，车刀是最常用、最简单、最基本和最典型的切削刀具，各种复杂刀具都可以看作是以车刀为基本形态演变而成。下面以车刀为例进行分析和研究。

1. 车刀的组成　车刀是由切削部分和夹持部分（刀柄）组成，切削部分又由前刀面、主后刀面、副后刀面、主切削刃、副切削刃和刀尖（简称"三面、二刃、一尖"）组成，如图 1 - 7a所示。

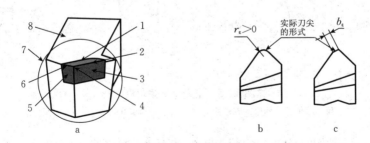

图 1 - 7　外圆车刀

1. 前刀面　2. 主切削刃　3. 主后刀面　4. 刀尖　5. 副后刀面　6. 副切削刃　7. 刀头　8. 刀柄

前刀面 A_r：在切削过程中，刀具上切屑流出所经过的表面。

主后刀面 A_a：在切削过程中，刀具上与工件加工表面相对应的表面。

副后刀面 A'_a：在切削过程中，刀具上与工件已加工表面相对应的表面。

主切削刃 S：前刀面与主后刀面的交线。切削时承担主要的切削工作。

副切削刃 S'：前刀面与副后刀面的交线。也起一定的切削作用，但不明显。

刀尖：主切削刃与副切削刃相交之处。刀尖并非绝对的点，而是一段过渡圆弧（图 1-7b，其圆弧半径为 r_ε）或直线（图 1-7c，其长度为 b_ε）。

2. 车刀的标注角度 为确定刀具各刀面和切削刃的空间位置，以及作为刀具制造、刃磨和测量的依据，需选择一些参考平面作为基准，从而建立起刀具静止参考系。它是由三个互相垂直的平面组成的，如图 1-8 所示。

基面 P_r：通过主切削刃上的选定点，且与该点的切削速度方向相垂直的平面。车刀的基面可以理解为平行于刀具底平面的面。

切削平面 P_s：通过主切削刃上的选定点，与切削刃相切且垂直于基面的平面。

主剖面 P_o：通过主切削刃上的选定点，同时垂直于基面和切削平面的平面。

车刀的标注角度是指在刀具图样上标注的角度，也称刃磨角度。它是刀具制造和刃磨的依据。车刀的标注角度主要有五个，如图 1-9 所示。

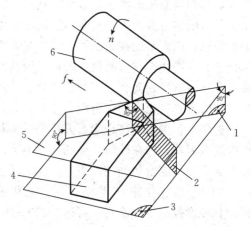

图 1-8 用于确定刀具角度的参考平面

1. 切削平面 2. 主剖面 3. 底平面 4. 车刀
5. 基面 6. 工件

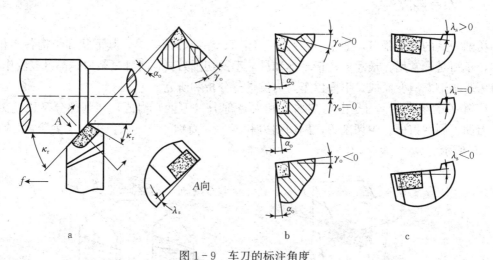

图 1-9 车刀的标注角度

a. 车刀的前角、后角、主偏角、副偏角与刃倾角 b. 前角的正与负 c. 刃倾角的正与负

（1）前角 γ_o：在主剖面内测量的前刀面与基面之间的夹角。根据前刀面和基面相对位置的不同，又分别规定为正前角、零前角、负前角（图 1-9b）。适当增大前角，则主切削刃锋利，切屑变形小，切削轻快，切削力和切削热减少。但前角过大，切削刃强度减小，散热条件和受力状态变差，将使刀具磨损加快，寿命降低，甚至崩刃或损坏。生产中一般根据工件材料、刀具材料和加工要求选择前角的数值。工件材料的强度、硬度低，前角应选大些，反之应选小些；刀具材料韧性好（如高速钢），前角可选大些，反之应选小些（如硬质

合金）。精加工时前角可选大些，粗加工时前角可选小些。通常硬质合金车刀的前角在 $-5°\sim+25°$ 的范围内选取。

（2）后角 α_o：在主剖面内测量的主后刀面与切削平面之间的夹角。后角用以减少刀具主后刀面与零件加工表面间的摩擦和主后刀面的磨损，配合前角调整切削刃的锋利度与强度，直接影响加工表面质量和刀具寿命。后角大，摩擦小，切削刃锋利。但后角过大，将使切削刃变弱，散热条件变差，加速刀具磨损。因此，后角应在保证加工质量和刀具寿命的前提下取小值。粗加工或承受冲击载荷的刀具，为了保证切削刃的强度，应取较小的后角，一般为 $5°\sim7°$。精加工或为减少后刀面的磨损，应取较大的后角，一般为 $8°\sim12°$。

（3）主偏角 κ_r：在基面内测量的主切削刃在基面上的投影与进给运动方向的夹角。主偏角的大小影响切削层形状、表面粗糙度及切削分力的大小。在进给量和背吃刀量相同的情况下，减小主偏角，将得到薄而宽的切屑。由于主切削刃参加切削的长度增加，增大了散热面积，使刀具寿命得到提高。但减小主偏角将使作用于工件径向的吃刀抗力增加。因此，在加工细长轴类零件时，为避免零件产生变形和振动，常采用 $90°$ 主偏角的车刀进行切削。车刀常用的主偏角有 $45°$、$60°$、$75°$ 和 $90°$ 等。

（4）副偏角 κ_r'：在基面内测量的副切削刃在基面上的投影与进给运动反方向的夹角。副偏角用以减少副切削刃和副后刀面与工件已加工表面之间的摩擦，防止切削时产生振动。副偏角的大小还影响表面粗糙度值的大小。副偏角的大小主要根据表面粗糙度的要求来选取。一般车刀的副偏角为 $5°\sim7°$。粗加工时取较大值，精加工时取较小值。

（5）刃倾角 λ_s：在切削平面内测量的主切削刃与基面之间的夹角。如图 $1-9c$ 所示，当主切削刃呈水平时，$\lambda_s=0$；当刀尖为主切削刃上最低点时，$\lambda_s<0$；当刀尖为主切削刃上最高点时，$\lambda_s>0$。刃倾角主要影响刀头的强度和排屑方向。粗加工和断续切削时，为了增加刀头强度，λ_s 常取负值。精加工时，为了防止切屑划伤已加工表面，λ_s 常取正值或零，见图 $1-10$。

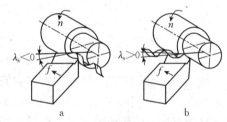

图 $1-10$ 刃倾角对切屑流向的影响

a. $\lambda_s<0$ b. $\lambda_s>0$

3. 车刀的工作角度 上述车刀角度是指在静止参考系中，假定车刀刀尖与工件回转轴线等高、刀杆中心线垂直于进给方向，并且不考虑进给运动对参考平面空间位置的影响等条件下的标注角度。但在实际切削加工过程中，这些条件往往会改变，从而导致了刀具在切削时的几何角度与标注角度不同。刀具在切削过程中的实际切削角度，称为工作角度。在切削过程中，有以下因素影响工作角度。

（1）刀尖安装高低对工作角度的影响：车外圆时，车刀的刀尖一般与工件回转轴线是等高的。如果刀尖高于或低于工件回转轴线则引起基面和切削平面的位置变化，从而使车刀的实际切削角度发生变化，如图 $1-11$ 所示。当刀尖高于工件回转轴线时，前角增大，后角减小，即 $\gamma_{oe}>\gamma_o$，$\alpha_{oe}<\alpha_o$（图 $1-11a$）；当刀尖低于工件回转轴线时，前角减小，后角增大，即 $\gamma_{oe}<\gamma_o$，$\alpha_{oe}>\alpha_o$（图 $1-11c$）。镗孔时的情况正好与此相反。

粗车外圆时，使刀尖略高于工件回转轴线，以增大前角，减小切削力；精车外圆时，使刀尖略低于工件回转轴线，以增大后角，减少后刀面的磨损；车成形面时，切削刃应与工件回转轴线等高，以免产生误差。

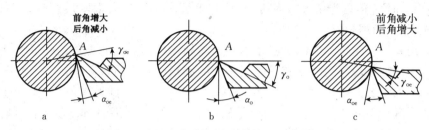

图 1-11 刀尖安装高低对前角和后角的影响

a. 刀尖高于工件回转轴线　b. 刀尖与工件回转轴线等高　c. 刀尖低于工件回转轴线

（2）刀杆中心线安装偏斜对工作角度的影响：当刀杆中心线与进给方向不垂直时，车刀主偏角和副偏角将发生变化，如图 1-12 所示。刀杆右偏，则主偏角增大，副偏角减小，即 $\kappa_{re}>\kappa_r$，$\kappa'_{re}<\kappa'_r$（图 1-12a）；反之，主偏角减小，副偏角增大，即 $\kappa_{re}<\kappa_r$，$\kappa'_{re}>\kappa'_r$（图 1-12c）。

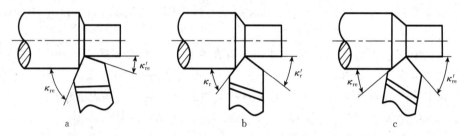

图 1-12 刀杆中心线安装偏斜对主偏角和副偏角的影响

a. 刀杆右偏安装　b. 刀杆垂直安装　c. 刀杆左偏安装

（3）进给运动对工作角度的影响：以切断刀为例（图 1-13），考虑横向进给运动，刀尖的运动轨迹为阿基米德螺旋线，使实际的切削平面和基面都要偏转一个角度，从而引起工作前角增大，工作后角减小。在通常的进给量下，进给运动对工作角度的影响不大，可忽略不计。

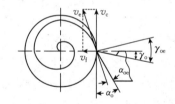

图 1-13 横向进给运动对前角和后角的影响

三、刀具结构

刀具结构形式对刀具的切削性能、切削加工的生产效率和经济性有着重要的影响。下面仍以车刀为例，说明刀具的结构。

车刀的结构形式有整体式、焊接式、机夹式和机夹可转位式等几种，如图 1-14 所示。早期使用的车刀多半是整体结构，即刀头和刀杆用同一种材料制成一个整体。这种车刀结构简单，但对贵重的刀具材料消耗较大。焊接式车刀的结构紧凑、刚性好，而且灵活性较大，可以根据加工条件和加工要求，方便地磨出所需角度，应用十分普遍。然而，焊接式车刀的硬质合金刀片经过高温焊接和刃磨后，易产生内应力和裂纹，使刀具切削性能下降，对提高生产效率很不利。机夹式车刀可避免高温焊接所带来的缺陷，提高刀具切削性能，并能使刀杆多次使用，但刀片重磨时仍有可能产生内应力和裂纹。机夹可转位式车刀所使用的硬质合金刀片具有多个切削刃，当一个切削刃磨钝后，不需要刃磨，只要松开刀片夹紧元件，将刀片转位，换成另一个新的切削刃，重新夹紧后便可继续切削。待全部切削刃磨钝后，再装上新的刀片继续使用。机夹可转位式车刀是当前车刀发展的主要方向。它的主要优点是：

（1）避免了焊接引起的缺陷，在相同的切削条件下刀具切削性能大为提高。

（2）在一定条件下，卷屑、断屑稳定可靠。

（3）刀片转位后，仍可保证切削刃与工件的相对位置，减少了调刀停机时间，提高了生产效率。

（4）刀片一般不需重磨，有利于涂层刀片的推广使用。

（5）刀体使用寿命长，可节约刀体材料及其制造费用。

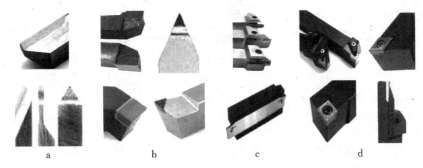

图 1-14　车刀结构形式

a. 整体式车刀　b. 焊接式车刀　c. 机夹式车刀　d. 机夹可转位式车刀

第三节　金属切削过程

金属切削过程是指通过切削运动，使刀具从工件上切下多余的金属层，形成切屑和已加工表面的过程。在这一过程中，始终存在着刀具切削工件和工件材料抵抗切削的矛盾，从而产生一系列物理现象，如切削变形、切削力、切削热与切削温度、刀具磨损等。了解这些现象的实质及变化规律，对于合理使用与设计机床、刀具和夹具，保证切削加工质量，提高切削效率，降低生产成本，以及促进切削加工技术的发展，有着十分重要的意义。

一、切屑的形成及其类型

1. 切屑的形成过程　对塑性金属以缓慢的速度进行切削时，切屑形成过程如图 1-15 所示。当刀具逐渐向工件推进时，切削层金属在始滑移面 OA 以左发生弹性变形，越靠近 OA 面，弹性变形越大。在 OA 面上，应力达到屈服点 τ_s，则发生塑性变形，产生滑移现象。随着刀具的继续推进，原来处于始滑移面上的金属不断向刀具靠拢，应力和变形也继续加大。在终滑移面 OE 上，应力和变形达到最大值，切削层金属被挤裂。当切削层越过 OE 面时，沿剪切面与工件母体分离，即切屑沿着前刀面排出，完成切离阶段。由此可见，塑性金属的切屑形成过程，经历了弹性变形、塑性变形、挤裂和切离四个阶段。经过塑性变形的金属，其晶粒沿大致相同的方向伸长，使得切屑厚度 h_{ch} 通常大于切削层公称厚度 h_D，而切屑长度 l_{ch}

却小于切削层长度 l_D（图 1-16），这种现象称为切屑收缩。通常用切削层长度与切屑长度之比，或切屑厚度与切削层公称厚度之比表示切屑的变形程度，其比值称为变形系数。即

$$\xi = \frac{l_D}{l_{ch}} \quad \text{或} \quad \xi = \frac{h_{ch}}{h_D} \tag{1-10}$$

ξ 是大于 1 的数。ξ 值越大，表示切屑变形越大，切削力越大，切削温度越高，工件表面越粗糙。

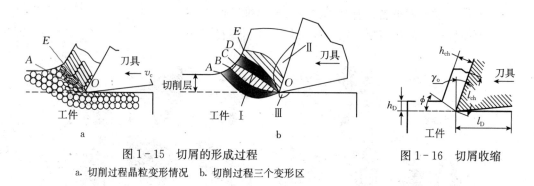

图 1-15　切屑的形成过程　　　　　　图 1-16　切屑收缩
a. 切削过程晶粒变形情况　b. 切削过程三个变形区

为了进一步揭示金属切削时的变形过程，可以把切削区域划分为三个变形区来进行分析，如图 1-15b 所示。

从 OA 线开始发生塑性变形，到 OE 线晶粒的剪切滑移基本完成，这一区域（Ⅰ）称为第一变形区，或称基本变形区。由于变形速度极快、变形时间短，OA 与 OE 构成的区域相对较小，可将其平均线所在平面视为滑移面。滑移面与切削速度的夹角称为剪切角 ϕ。该角大小与刀具前角及前刀面和切屑间的摩擦系数相关，直接影响切屑变形量。此区域是切削层金属产生剪切滑移和大量塑性变形的区域。切削过程中的切削力和切削热主要来自这个区域，机床提供的大部分能量也主要消耗在这个区域。

切屑沿刀具前刀面滑出时受到前刀面的挤压和摩擦，使靠近前刀面处金属纤维化，其方向基本上和前刀面平行，这一区域（Ⅱ）称为第二变形区，或称摩擦变形区。此区域的状况对积屑瘤的形成和刀具前刀面的磨损有直接影响。

已加工表面受到切削刃钝圆部分和后刀面的挤压和摩擦，造成纤维化和加工硬化，这一区域（Ⅲ）称为第三变形区，或称加工表面变形区。此区域的状况对工件表面加工质量和刀具后刀面的磨损有很大影响。

2. 切屑类型　切削加工时，由于所切削的工件材料力学性能各异，刀具前角以及采用的切削用量不同，滑移变形的程度差异很大，产生的切屑形态也是多样的。一般来说，切屑可以分为以下四种类型，如图 1-17 所示。

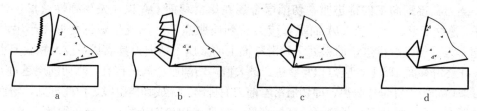

图 1-17　切屑类型
a. 带状切屑　b. 节状切屑　c. 粒状切屑　d. 崩碎切屑

（1）带状切屑：如图 1-17a 所示，带状切屑呈连续不断带状，切屑弯曲的内表面呈毛茸状，外表面光滑。一般在加工塑性金属材料时，当切削厚度较小（或进给量较小）、切削速度较高、刀具前角较大时，容易得到这类切屑。形成带状切屑时，切削过程较平稳、切削力波动较小，已加工表面粗糙度值较小。但与刀具前刀面的接触长度和时间较长，因此前刀面容易磨损。若切屑太长，还会导致切屑失控，严重影响操纵者的安全及机床正常工作，并导致刀具损坏和刮伤已加工表面。尤其在自动化生产中应确保切屑控制和切屑处理的无人化。

（2）节状切屑（挤裂切屑）：如图 1-17b 所示，切屑弯曲的内表面呈锯齿形，外表面有明显的裂痕。这是由于材料在剪切滑移过程中滑移量较大，由滑移变形所产生的加工硬化使剪切应力增大，在局部地方达到了材料的断裂强度极限。这种切屑大多在加工较硬的塑性金属材料且切削速度较低、切削厚度或进给量较大、刀具前角较小的情况下产生。切削过程中的切削力波动较大，已加工表面的表面粗糙度值较大。

（3）粒状切屑：如图 1-17c 所示，在剪切面上产生的剪切应力超过材料强度极限，形成的切屑被剪切断裂成颗粒状。

（4）崩碎切屑：如图 1-17d 所示，崩碎切屑是不规则碎块状屑片。切屑受力破裂前仅发生弹性变形而无塑性变形，切离工件母体是突发性的。它的脆断主要是因为材料所受应力超过了它的抗拉极限。在加工铸铁、青铜等脆性材料时易产生崩碎切屑。形成崩碎切屑的切削力波动大，已加工表面粗糙，且切削力集中在切削刃附近，切削刃容易损坏。

切屑的形状可以随切削条件改变。在生产中，可以根据具体条件采取不同的措施得到所需的切屑类型，以保证切削加工的顺利进行。

二、积屑瘤

以在一定范围内的切削速度下切削塑性材料且形成带状切屑时，常有一些来自切屑底层的金属黏结在前刀面靠近切削刃处，形成硬度很高的楔块，称为积屑瘤，如图 1-18所示。

1. 积屑瘤的形成 当切屑沿刀具的前刀面流出时，在一定的温度和压力作用下，与切削刃附近的前刀面接触的切屑底层金属受到很大的摩擦阻力，致使该层金属流动速度减慢，该层金属称为滞流层。当滞流层金属与前刀面的摩擦阻力超过该金属原子本身的结合力时，某一部分金属

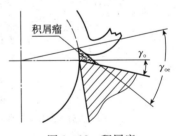

图 1-18 积屑瘤

便黏附在刀具前刀面上形成积屑瘤。积屑瘤形成后会不断长大，长到一定高度后，因不能承受切削力而破裂脱落，因此积屑瘤的产生、成长和脱落是一个周期性的动态过程。

2. 积屑瘤对切削加工的影响 在积屑瘤形成过程中，金属材料因塑性变形而被强化。积屑瘤的硬度是工件材料硬度的 2～3.5 倍，能代替切削刃进行切削，起到保护切削刃的作用。同时积屑瘤使刀具的实际工作前角 γ_{oe} 增大（图 1-18），从而减少切屑变形和切削力，使切削过程轻快，因此粗加工时积屑瘤的存在是有利的。但是积屑瘤的顶端伸出切削刃之外，它时现时消，时大时小，这就使切削厚度发生变化，导致切削力的变化，产生振动、冲

击，降低了加工精度。此外，有一些积屑瘤碎片黏附在工件已加工表面上，使表面变得粗糙。因此在精加工时应当避免产生积屑瘤。

3. 积屑瘤的控制　影响积屑瘤形成的主要因素有工件材料的力学性能、切削速度和冷却润滑条件等。

在工件材料的力学性能中，影响积屑瘤形成的主要因素是塑性。塑性越大，越容易形成积屑瘤。如加工低碳钢、中碳钢、铝合金等材料时容易产生积屑瘤。要避免积屑瘤，可将工件材料进行正火或调质处理，以提高其强度和硬度，降低塑性。

在生产中抑制或消除积屑瘤的常用措施：

（1）采用低速或高速切削。切削速度是通过切削温度和摩擦影响积屑瘤的，如图 1-19a 所示。以切削 45 钢为例，在速度较低（$v_c < 3$ m/min）和速度较高（$v_c \geqslant 60$ m/min）时，摩擦系数都较小，故不易形成积屑瘤。在切削速度 v_c 为 20 m/min 左右、切削温度约 300 ℃时产生的积屑瘤的高度可达到最大值。

（2）减少进给量、增大刀具前角、提高刀具刃磨质量、合理选用切削液，使摩擦和黏结减少，均可达到抑制积屑瘤的作用。

（3）合理调节各切削参数间的关系，防止形成中温区域。图 1-19b 所示为积屑瘤（切削合金钢）消失时切削速度、进给量和前角之间的关系。例如，选用进给量 $f = 0.2$ mm/r、前角 $\gamma_o = 0°$，积屑瘤消失的速度为 22 m/min；选用进给量 $f = 0.2$ mm/r、前角 $\gamma_o = 10°$，积屑瘤消失的速度为 32 m/min。

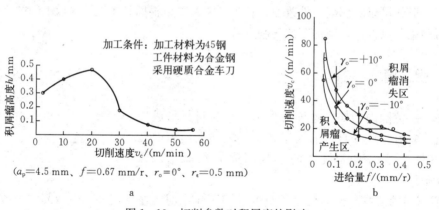

图 1-19　切削参数对积屑瘤的影响
a. 切削速度对积屑瘤的影响　b. 切削速度 v_c、进给量 f 和前角 γ_o 对积屑瘤的影响

因此，在生产实际中，精车和精铣一般均采用高速切削，而在铰削、拉削、宽刃精刨和精车丝杠等情况下，采用低速切削，以避免形成积屑瘤。采用适当的切削液，可有效地降低切削温度，减少摩擦，也是减少或避免积屑瘤产生的重要措施之一。

三、切削力和切削功率

1. 切削力的来源与分解　切削过程中，刀具使切削层金属转变为切屑需要克服的阻力称为切削力。对刀具来说，切削力来自于克服被加工材料的弹性变形抗力、塑性变形抗力和摩擦阻力。摩擦阻力包括刀具前刀面与切屑、后刀面与加工表面、副后刀面与已加工表面之间的摩擦力。

切削力是一个空间矢量,很难直接测量。为便于机床、工装的设计及工艺系统的分析,将切削力分解为三个相互垂直的分力。以车外圆为例,如图 1-20 所示。

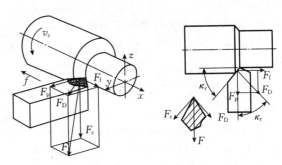

图 1-20　切削力的分解

(1) 主切削力 F_c:垂直于基面且与切削速度方向一致,又称为切向力。它是各分力中最大而且消耗功率最多的一个分力。它是计算机床动力、主传动系统零件和刀具强度及刚度的主要依据,也是选择刀具几何形状和切削用量的依据。

(2) 背向力 F_p:作用在基面内并与刀具纵向进给方向相垂直,又称为径向力。因为切削时这个方向上的运动速度为零,所以 F_p 不消耗功率。但它作用在工件刚性较弱的方向上,容易使工件产生弯曲变形,影响加工精度。

(3) 进给力 F_f:作用在基面内并与刀具纵向进给方向平行,又称为轴向力。它作用在机床进给传动系统上,是设计和校验进给传动系统的依据。

各切削分力可通过测力仪直接测出,也可应用在实验基础上建立的经验公式来计算。

三个切削分力与总切削力有如下关系:

$$F = \sqrt{F_c^2 + F_p^2 + F_f^2} \tag{1-11}$$

计算切削力的公式有理论公式和实验公式。切削力理论公式通常供定性分析用;切削力实验公式是将实验数据通过数学分析或计算机处理后建立的,使用较为普遍。切削力实验公式有指数公式和单位切削力公式两种形式。切削力的指数公式为

$$F_c = C_{F_c} a_p^{x_{F_c}} f^{y_{F_c}} v_c^{n_{F_c}} K_{F_c}$$
$$F_p = C_{F_p} a_p^{x_{F_p}} f^{y_{F_p}} v_c^{n_{F_p}} K_{F_p} \tag{1-12}$$
$$F_f = C_{F_f} a_p^{x_{F_f}} f^{y_{F_f}} v_c^{n_{F_f}} K_{F_f}$$

式中　　F_c、F_p、F_f——不同方向的切削分力;

$\qquad C_{F_c}$、C_{F_p}、C_{F_f}——系数,依据加工条件由实验确定;

x_{F_c}、x_{F_p}、x_{F_f}、y_{F_c}、——指数,表示各因素对切削力的影响程度;
y_{F_p}、y_{F_f}、n_{F_c}、n_{F_p}、n_{F_f}

$\qquad K_{F_c}$、K_{F_p}、K_{F_f}——不同加工条件对各切削分力的影响修正系数。

上述系数、指数和修正系数在切削原理与刀具教材以及金属切削手册中均可查到。

单位切削力可用单位切削层面积切削力 k_c 或单位切削层宽度切削力 F_c' 表示。单位切削力 k_c (单位为 N/mm^2)由下式求得

$$k_c = \frac{F_c}{A_D} = \frac{C_{F_c} a_p^{x_{F_c}} f^{y_{F_c}}}{a_p^*} = \frac{C_{F_c}}{f^{1-y_{F_c}}} \tag{1-13}$$

式中,系数 C_{F_c} 和指数 x_{F_c}、y_{F_c} 由实验确定,通常实验得 $x_{F_c}=1$。

若已知单位切削力 k_c,则在背吃刀量 a_p 和进给量 f 值给定时,主切削力 F_c(单位为 N)应为

$$F_c = k_c A_D = k_c a_p f \tag{1-14}$$

由此可见，利用单位切削力 k_c 计算主切削力 F_c 是一种简便的方法。

2. 影响切削力的因素 凡影响切削过程变形和摩擦的因素均影响切削力，其中主要包括切削用量、切削速度、工件材料和刀具几何参数等。

（1）切削用量：进给量 f 和背吃刀量 a_p 对切削力有重要影响，但两者影响程度不同。实验表明，当背吃刀量 a_p 增加一倍时，切削力也增加一倍；当进给量 f 增加一倍时，切削力增大 75% 左右。

a_p 和 f 对 F_c 的影响规律，对于指导生产具有重要的作用，例如相同的切削层公称横截面积，切削效率相同，在机床消耗功率相同的情况下，通过增大进给量可切除更多的金属层，提高生产效率。

（2）切削速度：加工塑性材料时，切削速度对切削力的影响主要是积屑瘤影响刀具实际前角和摩擦系数的变化造成的；加工脆性金属材料时，变形和摩擦均较小，故切削速度对切削力影响不大。通常情况下，如果刀具材料和机床性能允许，则采用高速切削，既能提高生产效率，又能减小切削力。

（3）工件材料：工件材料的强度、硬度、冲击韧度及塑性越大，则切削变形抗力越大，切削力越大；加工硬化程度越大，切削力也会越大。

（4）刀具角度：刀具角度中，前角对切削力影响最大。加工塑性材料时，前角越大，切削变形越小，切削力也越小。主偏角对 F_p 和 F_f 影响较大。主偏角增大时，F_f 增大而 F_p 减小。

（5）切削液：切削加工时使用切削液，可以减小摩擦阻力而使切削力降低。

（6）刀具磨损：后刀面磨损使刀具与加工表面间摩擦加剧，故 F_c 和 F_p 增大。

3. 切削功率 切削功率是三个切削分力消耗功率的总和。在车外圆时，背向力 F_p 不消耗功率，进给力 F_f 消耗的功率很小（不超过 5%），一般可忽略不计。因此切削功率 P_m 可用下式计算：

$$P_m = 10^{-3} F_c v_c \tag{1-15}$$

式中　P_m——切削功率（kW）；

　　　F_c——主切削力（N）；

　　　v_c——切削速度（m/s）。

在设计机床时，应根据切削功率确定机床电动机功率 P_E，还要考虑机床的传动效率 η_m（一般取 0.75～0.85），于是，

$$P_E \geqslant P_m / \eta_m \tag{1-16}$$

四、切削热和切削温度

1. 切削热的产生与传散 切削加工过程中，切削功几乎全部转换为热能，产生大量的热，即切削热。切削热来源于三个变形区：在第一变形区，切削层金属发生弹性变形和塑性变形所产生的大量热；在第二变形区，切屑与刀具前刀面之间的摩擦所产生的热；在第三变形区，工件与刀具后刀面之间的摩擦所产生的热。

切削塑性材料时，切削热主要来源于第一和第二变形区。切削脆性材料时，因为产生崩

碎切屑，切屑与前刀面的挤压与摩擦较小，所以切削热主要来源于第一和第三变形区。切削热量 Q 可以从下式求得

$$Q = F_c v_c \qquad (1-17)$$

切削热向切屑、工件、刀具以及周围的介质传散（图 1-21）。各部分传热的比例取决于工件材料、切削速度、刀具材料及几何角度、加工方式以及是否使用切削液等。

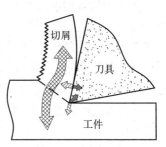

图 1-21 切削热的产生与传散

对中碳钢中速、不使用切削液切削时，测得切屑、工件、刀具和周围的介质的热量传散比例 $Q_屑$、$Q_工$、$Q_刀$ 和 $Q_介$：

车削：$Q_屑 = 50\% \sim 86\%$，$Q_工 = 10\% \sim 40\%$，$Q_刀 = 3\% \sim 9\%$，$Q_介 = 1\%$。

钻削：$Q_屑 = 28\%$，$Q_工 = 14.5\%$，$Q_刀 = 52.5\%$，$Q_介 = 5\%$。

上述切削热量传散数据表明，在封闭或半封闭切削环境下传散给刀具的热量比例明显高于开放环境下，因此对刀具要采取必要的冷却措施来减缓其磨损。

传入工件的切削热，使工件产生热变形，影响加工精度，特别是加工薄壁零件、细长零件和精密零件时，热变形的影响更大。磨削淬火钢件时，磨削温度过高，往往使工件表面产生烧伤和裂纹，影响其耐磨性和使用寿命。

传入刀具的切削热，比例虽然不大，但刀具体积小，热容量小，因而温度高。高速切削时，切削温度可达 1 000 ℃，加速了刀具的磨损。

因此，在切削加工中，应设法减少切削热，改善散热条件，以减小高温对刀具和工件的不良影响。

2. 切削温度及其影响因素 切削温度是指刀具前刀面与切屑接触区的平均温度。在生产中，切削热对切削过程的影响是通过切削温度起作用的。切削温度的确定以及切削温度在切屑、工件、刀具中的分布可利用热传导和温度场的理论计算确定，但常用的是通过实验的方法来测定。

切削温度的高低取决于切削热的产生和传散情况。产生的切削热越多，传出得越慢，切削温度越高。切削温度主要受工件材料、切削用量、刀具角度和冷却条件（切削液）等因素的影响。

（1）工件材料：工件材料的强度、硬度越高，切削时消耗的功率就越多，切削温度就越高。材料的导热性好，可使切削温度低些。

（2）切削用量：切削速度 v_c、背吃刀量 a_p 和进给量 f 对切削温度 θ（单位为℃）的影响规律如下。

由实验得出切削温度经验公式：

高速钢刀具：

$$\theta = (140 \sim 170) a_p^{0.08 \sim 0.1} f^{0.2 \sim 0.3} v_c^{0.35 \sim 0.45} \qquad (1-18)$$

硬质合金刀具：

$$\theta = 320 a_p^{0.05} f^{0.15} v_c^{0.26 \sim 0.41} \qquad (1-19)$$

公式表明切削用量三要素中，v_c 的指数最大，f 次之，a_p 最小，这说明切削速度对切削温度影响最大。切削速度增大一倍时，切削温度大约增加 30%；进给量增大一倍时，切

削温度大约增加18%；背吃刀量增加一倍时，切削温度大约增加7%。其原因是，v_c增加使摩擦生热增多；f增加时，切屑变形量增加较少，并使刀具和切屑接触面积增大从而改善了散热条件，故热量增加不多；a_p增加使切削宽度增加，显著增大了热量的传散面积。

切削用量对切削温度的影响规律在切削加工中具有重要的实际应用意义。分别增大v_c、a_p和f均能提高切削效率。为有效控制切削温度、减少刀具磨损、提高刀具使用寿命，在切削系统允许的条件下，选用大的a_p和f，比选用高的v_c有利。

（3）刀具角度：前角的大小直接影响切削过程中的变形和摩擦。增大前角，可减少切削变形，产生的切削热少，切削温度低。但当前角过大时，会使刀具的散热条件变差，反而不利于切削温度的降低。减小主偏角，主切削刃参加切削的长度增加，散热条件变好，可降低切削温度。

（4）切削液：使用切削液可使切削温度明显降低。但切削液会污染环境，因此切削加工正朝着尽量少采用切削液的方向发展。

五、刀具磨损和刀具耐用度

切削时刀具在高温条件下，受到工件、切屑的摩擦作用，刀具材料逐渐被磨耗或出现损坏。已加工表面粗糙度值增大，工件尺寸超差，切削温度升高，切屑的形状和颜色也和初始切削时不同，甚至出现振动或不正常的声响，这就说明刀具已严重磨损，必须重磨、换刀或进行刀片转位。

1. 刀具磨损的形式与过程　刀具正常磨损时，按其发生部位的不同有后刀面磨损、前刀面磨损、前后刀面同时磨损三种形式，如图1-22所示。刀具磨损形式随切削条件的改变可以互相转化。在大多数情况下，后刀面都有磨损，且磨损高度VB直接影响加工精度，故常以VB表示刀具磨损程度。

刀具磨损的过程如图1-23所示，可分为三个阶段：

（1）初期磨损阶段（OA）：刀具刃磨后，刀面有许多微观凹凸，因而接触面积小，压强大，磨损较快。经研磨过的刀具，初期磨损量较小。

（2）正常磨损阶段（AB）：经过初期磨损后的刀具，表面微观凹凸已磨平，表面光滑，接触面积增大而压强小，磨损较慢。磨损量与切削时间基本成正比。

（3）急剧磨损阶段（BC）：正常磨损后期，刀具磨损钝化，切削状态逐渐恶化，磨损量急剧加大，切削刃很快变钝，以致丧失切削能力。

实践经验表明，在刀具正常磨损阶段的后期、急剧磨损阶段之前，要及时更换或重磨刀具。因此，要建立刀具磨损标准。当刀具磨损值达到规定的标准值时应该重磨或更换刀具，否则会影响加工质量，增加重磨时刀具和砂轮的磨耗量，降低刀具的利用率，并增加刃磨时间。

在国家标准GB/T 16461—2016中规定了高速钢刀具、硬质合金刀具的磨损标准：

高速钢刀具的通用判据：

① 当后刀面B区磨损带是由正常磨损而形成时，后刀面磨损带的平均宽度VB_B＝0.3 mm。

② 当后刀面B区磨损带不是由正常磨损而形成时，如划伤、崩刃等，后刀面磨损带的最大宽度VB_{max}＝0.6 mm。

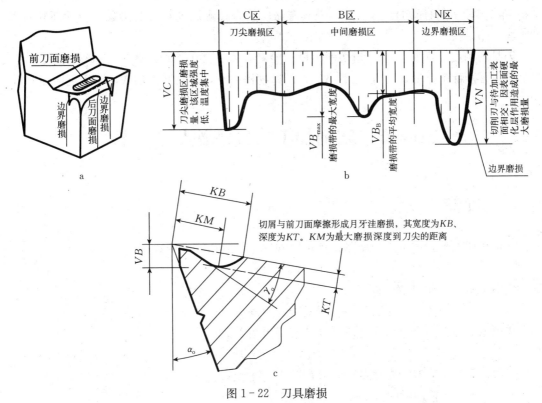

图 1-22　刀具磨损

a. 刀具磨损部位　b. 后刀面的磨损　c. 前刀面的磨损

③ 毁坏性损坏。

硬质合金刀具的通用判据：

① 如果在后刀面 B 区为非正常磨损，后刀面磨损带的最大宽度 $VB_{max} = 0.6$ mm。

② 如果认为在后刀面 B 区磨损带是由正常磨损而形成的，后刀面磨损带的平均宽度 $VB_B = 0.3$ mm。

③ 月牙洼的深度 $KT = 0.06 + 0.3f$。

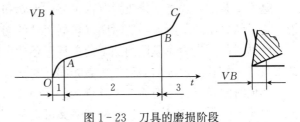

图 1-23　刀具的磨损阶段

1. 初期磨损阶段　2. 正常磨损阶段　3. 急剧磨损阶段

此外，精加工时常采用刀具磨损量是否影响表面粗糙度和尺寸精度作为磨损判断依据。

2. 影响刀具磨损的因素　如前所述，增大切削用量时切削温度随之增高，将加速刀具磨损。在切削用量中，切削速度对刀具磨损的影响最大。

此外，刀具材料、刀具几何形状、工件材料以及是否采用切削液等，也都会影响刀具的磨损。例如，耐热性好的刀具材料，就不易磨损；适当加大前角，由于减小了切削力，减少了摩擦，便可减少刀具的磨损。

3. 刀具耐用度　在实际生产中不可能经常停车测量 VB 值是否已经达到磨损标准，而是常按照刀具进行切削的时间来判断。刃磨后的刀具自开始切削直到磨损量达到磨损标准所经历的实际切削时间称为刀具耐用度，用 T（单位为 min）表示。

刀具耐用度与刀具寿命是两个完全不同的概念。刀具寿命是指一把新刀从开始切削到完全报废，实际切削时间的总和。显然刀具寿命应为刀具耐用度与刃磨次数（包括新开刀刃）的乘积。

刀具耐用度 T 值的大小，与切削用量三要素有关。其中，切削速度 v_c 影响最大，其次是进给量 f，背吃刀量 a_p 的影响最小。切削速度提高时，刀具磨损加快，耐用度明显降低。

第四节　切削加工的经济性与可行性

一、生产率

在金属切削加工中，生产率是指单位时间内生产合格零件的数量，即

$$R_0 = 1/t_w \tag{1-20}$$

式中　R_0——生产率（件/min）；

t_w——加工一个合格零件所需要的时间（min/件）。

在机床上加工一个合格零件所需要的时间包括以下三个部分，即

$$t_w = t_m + t_c + t_0 \tag{1-21}$$

式中　t_m——基本工艺时间（min）；

t_c——辅助时间（min）；

t_0——其他时间（min）。

基本工艺时间是指直接改变零件尺寸、形状和表面质量所消耗的时间。对于切削加工来说，它是切去切削层所消耗的时间（包括刀具的切入和切出时间），也称为机动时间。

辅助时间是指为完成切削加工而消耗于各种操作的时间，包括装卸零件、调整机床、装卸刀具、试切和测量等辅助动作所需时间。

其他时间是指与切削加工没有直接关系的时间。如熟悉工艺文件、润滑和擦拭机床、清扫切屑及工间休息时间等。因此生产率又可表示为

$$R_0 = \frac{1}{t_m + t_c + t_0} \tag{1-22}$$

由上式可知，提高切削加工的生产率，实际就是设法减少零件加工的基本工艺时间、辅助时间及其他时间。

以车削外圆为例（图 1-24），基本工艺时间可用下式计算：

$$t_m = \frac{lh}{nfa_p} = \frac{\pi d_w lh}{1\,000 v_c fa_p} \tag{1-23}$$

式中　t_m——基本工艺时间（s）；

l——车刀行程长度（mm），$l = l_w + l_1 + l_2$；

d_w——零件待加工表面的直径（mm）；

h——外圆面加工余量之半（mm）；

v_c——切削速度（m/s）；

f——进给量（mm/r）；

a_p——背吃刀量（mm）；

n——工件转速（r/s）。

综合上述分析，提高生产率的主要途径如下：

（1）在可能的条件下，采用先进的毛坯制造工艺，减少加工余量。

（2）粗加工时采用强力切削，精加工时采用高速切削。

（3）采用先进的工装，提高自动化程度。

（4）采用先进的机床设备，如在大批量生产中采用自动机床，小批量生产中采用数控机床等。

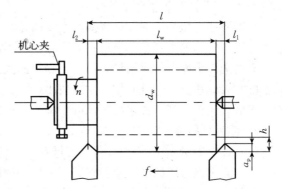

图 1-24　车削外圆时基本工艺时间的计算

（5）采用多刀多刃加工、多件加工、多工位加工等也能大大减少基本工艺时间。

二、切削用量的合理选择

1. 选择切削用量的一般原则　为了确定切削用量，首先要了解切削用量对加工质量、刀具耐用度及生产率的影响。

切削用量三要素中，背吃刀量和进给量增大，都会使切削力增大，导致零件变形增大，并可能引起振动，从而降低加工精度和增大表面粗糙度值。而且进给量增大（$f_1 > f_2$）还会使残留面积的高度显著增大（$h_{c1} > h_{c2}$）（图 1-25），表面更加粗糙。切削速度增大时，切削力减小，并可减少或避免积屑瘤，有利于加工质量的提高。

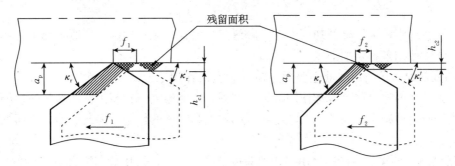

图 1-25　进给量对残留面积的影响

由前面计算基本工艺时间的公式可知，切削用量三要素 v_c、f、a_p 对基本工艺时间的影响是相同的，但它们对辅助时间的影响却大不相同。用实验的方法可以求出刀具耐用度与切削用量之间关系的经验公式。例如，用硬质合金车刀车削中碳钢时，有

$$T = \frac{C_T}{v_c^5 f^{2.25} a_p^{0.75}} \tag{1-24}$$

式中　C_T——与工件材料、刀具材料和其他切削条件有关的系数。

由上式可知，在切削用量中，切削速度对刀具耐用度的影响最大，进给量次之，背吃刀量的影响最小。提高切削速度比增大进给量或背吃刀量，对刀具耐用度的影响大得多。但过分提高切削速度，反而会由于刀具耐用度的迅速下降，增加了换刀或磨刀的次数（增加了辅助时间 t_c），从而影响生产率的提高。

综上所述，粗加工时，从提高生产率的角度出发，应当在单位时间内切除尽量多的加工余量，因而应当加大切削面积，并在保证刀具耐用度的前提下，首先选尽可能大的背吃刀量，其次选尽可能大的进给量，最后选尽可能大的切削速度。精加工时，应当保证零件的加工精度和表面粗糙度，这时加工余量较小，一般选取较小的进给量和背吃刀量，以减少切削力，降低表面粗糙度，并选取较高的切削速度或较低的切削速度。

2. 切削用量的合理选择

（1）背吃刀量 a_p 的选择：背吃刀量要尽可能取得大些。不论粗加工还是精加工，最好一次走刀能把该工序的加工余量切完。如果一次走刀切除会使切削力太大，导致机床功率不足、刀具强度不够或产生振动，则可将加工余量分为两次或多次完成。这时也应将第一次走刀的背吃刀量取得尽量大些，其后的背吃刀量取得相对小一些。

（2）进给量 f 的选择：粗加工时，一般对工件的表面质量要求不太高，进给量主要受机床、刀具和工件所能承受切削力的限制，这是因为当选定背吃刀量后，进给量的数值就直接影响切削力的大小。精加工时，一般背吃刀量较小，切削力不大，限制进给量的因素主要是工件表面粗糙度。

（3）切削速度 v_c 的选择：在背吃刀量和进给量选定后，可根据刀具耐用度用计算法或查表法选择切削速度。粗加工时，由于切削力一般较大，切削速度主要受机床功率的限制。精加工时，切削力较小，切削速度主要受刀具耐用度的限制。

在实际生产中，切削用量可从金属切削用量手册或根据实践经验得到的实验数据获得。

三、切削液的选用

在切削过程中，为了降低切削温度，减缓刀具磨损，减小切削力，改善加工质量和提高生产率，常常使用各种切削液。

1. 切削液的作用　切削液主要通过冷却和润滑作用来改善切削过程。一方面，它能吸收并带走大量切削热，起到冷却作用；另一方面，它能渗入刀具与工件和切屑的接触面，形成润滑膜，有效地减小摩擦。切削液还可以起清洗和防锈的作用。但与此同时，切削液也污染环境。

2. 切削液的种类　生产中常用的切削液可分为水溶液、乳化液和切削油三大类。水溶液（主要成分是水，并加入防锈剂或其他添加剂）的冷却、清洗性能好，润滑性能差，适用于磨削。乳化液（将乳化油用水稀释而成）具有良好的冷却和清洗性能，也有一定的润滑性能。低浓度的乳化液适用于粗加工，高浓度的乳化液适用于精加工。切削油（主要成分是矿物油，少数采用植物油或混合油）润滑性能好，防锈效果好，但冷却和清洗效果差，适用于精加工。

3. 切削液的选用　切削液的品种很多，性能各异。通常应根据加工性质、工件材料和刀具材料来选择合适的切削液，才能收到良好的效果。

粗加工时，为降低切削温度，一般应选用冷却效果较好的水溶液或低浓度的乳化液；精加工时，为了提高表面质量和减少刀具磨损，一般应选用润滑作用较好的切削油或浓度较高的乳化液。磨削时，一般采用冷却和清洗性能好的水溶液或低浓度的乳化液。

　　加工一般钢材时，通常选用乳化液或硫化切削油。加工铜合金和其他有色金属时，不能用硫化切削油，以免在零件表面产生黑色的腐蚀斑点；加工铸铁、青铜、黄铜等脆性材料时，切削温度不太高，为避免崩碎切屑进入机床部件之间，一般不使用切削液；在低速精加工（如宽刃精刨、精铰）时，切削液可使用煤油，以降低表面粗糙度。

　　高速钢刀具的耐热性较差，为了提高刀具寿命，一般要根据加工性质和工件材料选用合适的切削液。硬质合金刀具由于耐热性和耐磨性较好，一般不用切削液。必要时也可采用低浓度的乳化液或合成切削液，但必须连续地、充分地浇注，以免硬质合金刀片因骤冷骤热而产生裂纹。

四、工件材料的切削加工性

　　1. 工件材料切削加工性概念　　工件材料切削加工性是指在一定切削条件下，工件材料被切削加工的难易程度。对某一具体材料，切削加工的难易程度不是绝对的，应以具体的加工要求和加工条件而定。如塑性很好的低碳钢，切除切屑很容易，此时切削加工性好；但在精加工时要获得较小的表面粗糙度值则比较困难，此时切削加工性不好。因此，材料的切削加工性只是一个相对概念。

　　2. 工件材料切削加工性衡量指标　　由于工件材料切削加工性概念的相对性，衡量指标也是多种多样的。常用的衡量工件材料切削加工性的指标有如下几种：

　　（1）一定刀具耐用度下的切削速度 v_T：v_T 是指当刀具耐用度为 T（min）时，切削某种材料所允许的最大切削速度。v_T 越高，表示材料的切削加工性越好。通常取 $T=60$ min，此时 v_T 写作 v_{60}。

　　在判别材料切削加工性时，一般以切削正火状态 45 钢 v_{60} 作为基准，写作 $(v_{60})_j$，而其他各种材料的 v_{60} 同它相比，比值 K_r 称为相对切削加工性，即

$$K_r = v_{60}/(v_{60})_j \qquad (1-25)$$

　　相对切削加工性的数值越小，说明材料的切削加工性越差。K_r 实际上也反映了不同材料对刀具磨损和刀具耐用度的影响。常用材料的切削加工性可分为八级，见表 1-1。

表 1-1　常用材料切削加工性分级

加工性等级	名称及种类		K_r	代表性材料
1	很容易切削材料	一般有色金属	≥3.0	铜铅合金、铝铜合金、铝镁合金
2	容易切削材料	易切削钢	2.5~3.0	15Cr 退火 $R_m=380\sim450$ MPa 自动机钢 $R_m=400\sim500$ MPa
3		较易切削钢	1.6~2.5	30 钢正火 $R_m=450\sim560$ MPa
4	普通材料	一般钢及铸铁	1.0~1.6	45 钢正火、灰铸铁
5		稍难切削材料	0.65~1.0	2Cr13 调质 $R_m=850$ MPa 85 钢 $R_m=900$ MPa

（续）

加工性等级	名称及种类		K_r	代表性材料
6	难切削材料	较难切削材料	0.5～0.65	45Cr 调质 $R_m = 1\ 050$ MPa 65Mn 调质 $R_m = 950～1\ 000$ MPa
7		难切削材料	0.15～0.5	50CrV 调质、1Cr18Ni9Ti、某些钛合金
8		很难切削材料	≤0.15	某些钛合金、铸造镍基高温合金

注：R_m 表示抗拉强度。

（2）已加工表面质量：凡较容易获得好的表面质量的材料，其切削加工性较好；反之则较差。精加工时，常以此为衡量指标。

（3）切屑控制或断屑的难易：凡切屑较容易控制或易于断屑的材料，其切削加工性较好；反之较差。在自动机床或自动线上加工时，常以此为衡量指标。

（4）切削力：在相同的切削条件下，凡切削力较小的材料，其切削加工性较好。在粗加工或机床刚性（或动力）不足时，常以此为衡量指标。

3. 改善材料切削加工性的主要途径　影响工件材料切削加工性的因素很多，主要有工件材料的物理力学性能、化学成分及显微组织等。若材料的强度和硬度高，则切削力大，切削温度高，刀具磨损快，切削加工性较差。若材料的塑性高，则不易获得好的表面质量，断屑困难，切削加工性也较差。若材料的导热性差，切削热不易散失，切削温度高，其切削加工性也不好。材料的切削加工性可以通过以下途径加以改善：

（1）进行热处理改变材料的金相组织，以改善切削加工性：例如，对高碳钢进行球化退火可以降低硬度，对低碳钢进行正火可以降低塑性。又如，铸铁件在切削加工前进行退火可降低表层硬度，特别是白口铸铁，经长时间高温石墨化退火，变成可锻铸铁，能使切削加工较易进行。

（2）调整材料的化学成分来改善其切削加工性：在钢中适当添加某些元素，如硫、铅等，可使其切削加工性得到显著改善，这样的钢称为易切削钢。在不锈钢中加入少量的硒，铜合金中加铝，铝中加入铜等，均可改善其切削加工性。

（3）其他辅助性的加工：如低碳钢经过冷拔可以降低其塑性，能改善材料的力学性能，也能改善材料的切削加工性。

复 习 思 考 题

1. 试说明下列加工方法的主运动和进给运动。

（1）车端面；（2）在钻床上钻孔；（3）在铣床上铣平面；（4）在牛头刨床上刨平面；（5）在平面磨床上磨平面；（6）在外圆磨床上磨外圆。

2. 试用简图和数学关系式表示在车端面时 a_p、f、h_D、b_D 和 κ_r 的关系。

3. 车削直径为 100 mm、长度为 200 mm 的 45 钢棒料，在 CA6140 上选用的切削用量 $a_p = 4$ mm，$f = 0.5$ mm/r，$n = 240$ r/min。（1）选择刀具材料；（2）计算切削速度 v_c；（3）若 $\kappa_r = 75°$，计算 h_D、b_D、A_D 的值。

4. 刀具材料应具备哪些基本性能？常用的刀具材料有哪些？

5. 高速钢和硬质合金在性能上的主要区别是什么？各适合制作哪些刀具？

6. 已知下列车刀的主要角度，试画出它们切削部分的示意图。

(1) 外圆车刀 $\gamma_o=10°$，$\alpha_o=8°$，$\kappa_r=60°$，$\kappa_r'=10°$，$\lambda_s=4°$。

(2) 端面车刀 $\gamma_o=15°$，$\alpha_o=10°$，$\kappa_r=45°$，$\kappa_r'=30°$，$\lambda_s=-5°$。

(3) 切断刀 $\gamma_o=10°$，$\alpha_o=6°$，$\kappa_r=90°$，$\kappa_r'=2°$，$\lambda_s=0°$。

7. 切屑是如何形成的？常见的有哪几种？

8. 积屑瘤是如何形成的？它对切削加工有哪些影响？生产中如何控制积屑瘤的产生？

9. 为什么要将切削力分解为三个互相垂直的分力？三个分力有何作用？

10. 切削热对切削加工有什么影响？

11. 背吃刀量和进给量对切削力和切削温度的影响是否一样？如何运用这一规律指导生产实践？

12. 刀具正常磨损形式有哪几种？刀具磨损过程一般分为几个阶段？刀具耐用度的含义和作用是什么？

13. 切削加工的生产率如何表示？试分析提高生产率的途径。

14. 简述选择切削用量的一般原则。粗、精加工时如何选择切削用量？

15. 切削液的主要作用是什么？常根据哪些主要因素选用切削液？

16. 为何说工件材料的切削加工性是一个相对概念？评定材料切削加工性的指标有哪些？如何改善材料切削加工性？

第二章

金属切削机床的基本知识

金属切削机床（简称机床）是用切削加工方法将金属毛坯加工成机械零件的机器，是制造机器的机器，也称工具机或工作母机。机床的基本功能是为被切削的工件和所使用的刀具提供必要的运动、动力和相对位置。

第一节 机床的分类和结构

一、机床的分类

由于机器零件的种类繁多，用来加工零件的机床也多种多样。为了便于区别、管理和使用机床，则需要将品种繁多的机床进行分类。我国主要是根据机床的工作原理对机床进行分类，共分为车床（C）、钻床（Z）、镗床（T）、磨床（M）、齿轮加工机床（Y）、螺纹加工机床（S）、铣床（X）、刨插床（B）、拉床（L）、锯床（G）和其他机床（Q）11 大类。并按照一定的规律给予相应的代号，这就是机床的型号。

按照 GB/T 15375—2008《金属切削机床 型号编制方法》规定，我国机床的型号由汉语拼音字母和阿拉伯数字按一定规律排列组成，用以反映机床的种类、主要参数、通用及结构特性。表示方法如下：

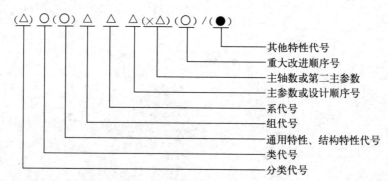

注：括号表示可选项，当无内容时不表示，若有内容则不带括号；○表示大写的汉语拼音字母；△表示阿拉伯数字；●表示大写的汉语拼音字母，或阿拉伯数字，或两者兼有之。

下面举例说明机床的型号。

（1）Z5625×4A 立式排钻床：

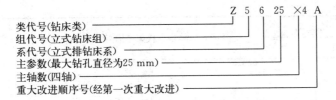

类代号(钻床类)
组代号(立式钻床组)
系代号(立式排钻床系)
主参数(最大钻孔直径为25 mm)
主轴数(四轴)
重大改进顺序号(经第一次重大改进)

（2）MBE1432 半自动万能外圆磨床：

类代号(磨床类)
通用特性、结构特性代号(不同结构的半自动磨床)
组代号(外圆磨床组)
系代号(万能外圆磨床系)
主参数(最大磨削直径为320 mm)

机床除了按工作原理进行分类以外，还有其他分类方法。

按照工艺范围（通用性程度），机床可分为通用机床、专门化机床和专用机床。通用机床又称万能机床，可以加工多种零件的不同工序，加工范围很宽，但结构复杂，价格较高。如卧式车床、万能升降台铣床、万能外圆磨床等都是通用机床。专门化机床是专门用来加工某一类（或几类）零件某一特定工序的，加工范围较窄。如凸轮轴车床、气缸珩磨机、齿轮加工机床等都是专门化机床。专用机床用于加工某一零件的特定工序，是根据特定工序的工艺要求专门设计、制造的，具有专用、高效、自动化和易于保证加工精度等特点，加工范围最窄；但设计、制造周期长，造价昂贵，不能适应产品的更新。如加工机床主轴箱体孔的专用镗床、加工机床导轨的专用导轨磨床等都是专用机床。

按照自动化程度，机床又可分为普通机床、半自动机床和自动机床。

按照质量的不同，机床又有仪表机床、中小型机床、大型机床和重型机床之分。

二、机床的结构

在各类机床中，切削加工中最基本的机床有五大类，即车床、钻床、刨床、铣床和磨床。其他机床都是由这五类机床演变和发展而来的。表2-1中列出了基本机床的结构简图、切削运动以及所用的刀具等。

表2-1 基本机床类型和特征

机床类型		加工表面	刀具	切削运动		机床结构简图
				刀具	工件	
车床	普通	内圆柱、外圆柱、圆锥面、螺纹表面、端面、沟槽、回转成形表面	车刀			挂轮箱 主轴箱 刀架 尾架 进给箱 床身 溜板箱 光杠 丝杠 床腿

（续）

机床类型		加工表面	刀具	切削运动		机床结构简图
				刀具	工件	
车床	立式	内圆柱、外圆柱、圆锥面、螺纹表面、端面、沟槽、回转成形表面	车刀			
钻床	立式	小孔（钻孔、扩孔、铰孔）、螺纹（攻螺纹、套螺纹）、小端面（锪平面）	钻头、扩孔钻、铰刀、丝锥		固定不动	
	摇臂	小孔（钻孔、扩孔、铰孔）、螺纹（攻螺纹、套螺纹）、小端面（锪平面）	钻头、扩孔钻、铰刀、丝锥		固定不动	

（续）

机床类型		加工表面	刀具	切削运动		机床结构简图
				刀具	工件	
铣床	卧铣	平面、沟槽、成形表面、孔及端面	铣刀			
磨床	外圆磨床	内、外圆柱和圆锥面	砂轮			
	内圆磨床	内圆柱和内圆锥面	砂轮			

（续）

机床类型		加工表面	刀具	切削运动		机床结构简图
				刀具	工件	
磨床	卧式平面磨床	平面	砂轮			
	立式平面磨床	平面	砂轮			
刨床	刨床	平面	刨刀			

　　如表 2-1 所示，尽管这些机床的外形、布局和构造各不相同，但归纳起来，它们都是由如下几个主要部分组成的：

　　(1) 主传动部件：用来实现机床主运动的部件。它形成切削速度并消耗大部分动力。主传动部件有车床、钻床、铣床的主轴箱等。

　　(2) 进给传动部件：用来实现机床进给运动的部件。它维持切削加工连续不断地进行。

进给传动部件有车床、钻床、铣床的进给箱等。

（3）工件安装部件：用来安装工件的部件，如车床的卡盘、尾架，钻床、铣床等的工作台等。

（4）刀具安装部件：用来安装刀具的部件，如车床的刀架、铣床的刀轴、磨床的砂轮轴等。

（5）支承部件：机床的基础部件，用于支承机床和其他零部件并保证它们的相对位置精度，如各类机床的床身、立柱、底座等。

（6）动力部件：为机床提供运动和动力的部件，如电动机等。

第二节　机床的传动

机床上最常用的传动方式有机械传动和液压传动，此外还有电气传动和气动传动。机床上的回转运动多为机械传动，直线运动则是机械传动和液压传动都有。

一、机械传动

（一）机床的常用机械传动

1. 机床上常用的传动副及传动关系　用来传递运动和动力的装置称为传动副。机械传动中最常用的传动副有皮带、齿轮、齿轮齿条、蜗轮蜗杆、丝杠螺母、曲柄摆杆、棘轮棘爪等。

表 2-2 列出了机械传动中五种基本传动副的传动比计算及各自的特点。

表 2-2　机械传动的五种基本传动副

传动形式	外形图	符号图	传动比	优缺点
皮带传动			$i_{\text{I-II}}=n_2/n_1=d_1/d_2$	优点：中心距变化范围大；结构简单；传动平稳；能吸收振动和冲击；可起安全装置作用 缺点：外廓尺寸大；轴上承受的径向力大；传动比不准确；三角胶带长；寿命不够
齿轮传动			$i_{\text{I-II}}=z_1/z_2$	优点：外廓尺寸小；传动比准确；传动效率高；寿命长 缺点：制造较复杂；精度不高时传动不平稳；有噪声
齿轮齿条传动			$v=\pi mzn/60$（mm/s）	优点：可把旋转运动变成直线运动，或反之；传动效率高；结构紧凑 缺点：制造较复杂；精度不高时传动不平稳；有噪声

（续）

传动形式	外形图	符号图	传动比	优缺点
蜗轮蜗杆传动		 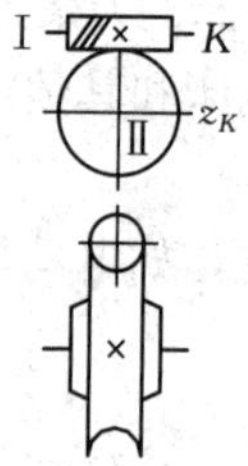 $i_{\text{I-II}}=K/z_K$	优点：可获得较大的减速比；传动平稳；无噪声；结构紧凑；可以自锁 缺点：传动效率低；需要良好的润滑；制造较复杂
丝杠螺母传动		  $T、n$ $v=nT/60$（mm/s）	优点：可把旋转运动变成直线运动，应用普遍；工作平稳，无噪声 缺点：传动效率低

为实现某一运动的要求，需要把许多传动副依次地联系起来，组成链式传动，这就是传动链。

为了便于分析传动链中的传动关系，对各种传动件规定了简化符号（表 2-3）。

表 2-3　常用传动件的简化符号

名称	图形	符号	名称	图形	符号
轴			滑动轴承		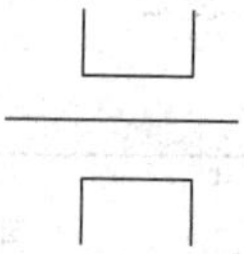
滚动轴承		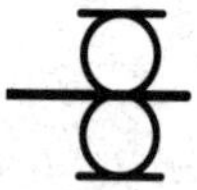	止推轴承		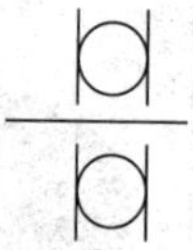
双向摩擦离合器		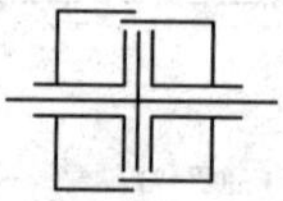	双向滑动轴承		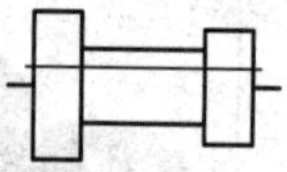
螺杆传动（整体螺母）	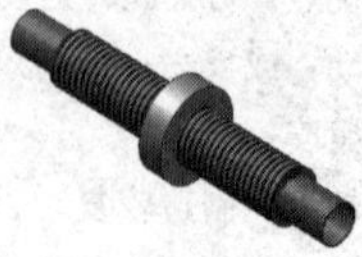		螺杆传动（开合螺母）		

（续）

名称	图形	符号	名称	图形	符号
平带传动			V带传动		
齿轮传动			蜗轮蜗杆传动		
齿轮齿条传动			锥齿轮传动		

图 2-1 所示为由皮带、齿轮、蜗轮蜗杆和齿轮齿条组成的传动链。在分析计算传动链时常用的方法是，首先要搞清楚该传动链首末端件是什么，然后按传动的先后次序列出传动结构式（传动路线），再依据传动要求找出首末端件间的运动量的关系（计算位移），最后根据传动结构式和计算位移列出运动平衡式。

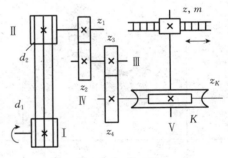

图 2-1　传动链

图示传动链的首端件是小皮带轮 d_1，末端件是齿条。运动经小皮带轮 d_1、传动带和大皮带轮 d_2，再经圆柱齿轮 z_1、z_2、z_3、z_4，又经蜗杆蜗轮 K、z_K，最终由齿轮齿条 z、m 将输入的旋转运动转变为直线运动，实现了运动的传递。

传动结构式为

$$\frac{d_1}{d_2} \rightarrow \frac{z_1}{z_2} \rightarrow \frac{z_3}{z_4} \rightarrow \frac{K}{z_K} \rightarrow 齿轮齿条$$

计算位移是小皮带轮 d_1 转一转，齿条移动的距离，或小皮带轮转 n_1 转，齿条移动的距离 s。

运动平衡式：

$$n_1 \times \frac{d_1}{d_2} \times \varepsilon \times \frac{z_1}{z_2} \times \frac{z_3}{z_4} \times \frac{K}{z_K} \times \pi m z = s$$

式中　d_1、d_2——皮带轮直径；

z_1、z_2、z_3、z_4——传动齿轮的齿数；

K、z_K——蜗杆头数和蜗轮齿数；

ε——皮带轮打滑系数，一般取 0.98；

z、m——和齿条相啮合的小齿轮的齿数和模数。

上式可改写成

$$n_1 \times i_1 \times i_2 \times i_3 \times i_4 \times \varepsilon \pi m z = s$$

小皮带轮 d_1 和齿轮 z 之间的总传动比 I 为

$$I = i_1 \times i_2 \times i_3 \times i_4$$

式中　　i_1、i_2、i_3、i_4——传动链中相应传动副的传动比；

　　　　I——传动链的总传动比。

即传动链的总传动比等于组成传动链的各传动副传动比的乘积。

运动平衡式不仅可用于计算传动链中各传动机构的转速、末端件的位移，还可在机床调整时，用来计算配换挂轮的齿数。

2. 机床常用的变速机构　机床的传动装置，应保证加工时能得到最有利的切削速度。机床上各种不同的切削速度是由传动系统中不同的变速机构来实现的。

机床的传动系统中常用的变速机构见表 2-4。

表 2-4　变速机构

传动形式	外形图	符号图	传动链及传动比	优缺点
塔轮变速			$I \to \left\{ \begin{array}{l} \dfrac{d_1}{d_4} \\ \dfrac{d_2}{d_5} \\ \dfrac{d_3}{d_6} \end{array} \right\} \to II$	优点：中心距变化范围大；结构简单；传动平稳；能吸收振动和冲击；可起安全装置作用　缺点：外廓尺寸大；轴上承受的径向力大；传动比不准确；三角胶带长；寿命不够
滑移齿轮变速			$I \to \left\{ \begin{array}{l} \dfrac{z_1}{z_4} \\ \dfrac{z_2}{z_5} \\ \dfrac{z_3}{z_6} \end{array} \right\} \to II$	优点：外廓尺寸小；传动比准确；传动效率高；寿命长　缺点：制造较复杂；精度不高时传动不平稳；有噪声
摆动齿轮变速			$I \to \left\{ \begin{array}{l} \dfrac{z_1}{z_6} \\ \dfrac{z_2}{z_6} \\ \dfrac{z_3}{z_6} \end{array} \right\} \to II$	优缺点同滑移齿轮变速机构。不同之处是外形尺寸更小、结构刚度低，故传递力矩不宜大

（续）

传动形式	外形图	符号图	传动链及传动比	优缺点
离合器式齿轮变速			$I \rightarrow \left\{ \begin{array}{c} \dfrac{z_1}{z_3} \\ \dfrac{z_2}{z_4} \end{array} \right\} \rightarrow II$	优点：传动比准确；寿命长 缺点：制造较复杂；精度不高时传动不平稳；有噪声；齿轮总是处于啮合状态，磨损大，传动效率低

（二）CA6140 型普通车床的传动系统分析

为了便于了解和分析机床的传动情况，可利用机床的传动系统图。机床的传动系统图是表示机床全部运动关系的示意图。在图中用简单的规定符号代表各传动部件和机构（表 2-3），并把它们按照运动传递的先后次序以展开图的形式画在投影图上。传动系统图只能表示传动关系，不能代表各元件的实际尺寸和空间位置。

普通车床的传动系统由主运动传动链、车螺纹传动链、纵向进给传动链和横向进给传动链组成。图 2-2 为 CA6140 型普通车床的传动系统图。看懂传动系统图是认识和分析机床的基础。如前所述，通常的方法是"抓两端，连中间"。也就是说，在了解某传动链的传动

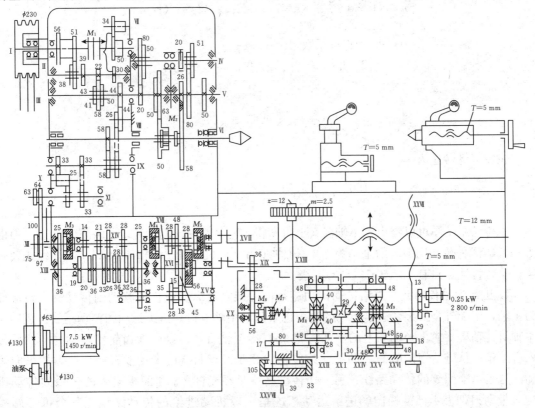

图 2-2　CA6140 型普通车床的传动系统图

路线时，首先应搞清楚此传动链的首末件是什么。知道了首末件，然后再找它们之间的传动关系，就能很容易找出传动路线。

1. 主运动传动链　主运动传动链的功用是把电动机的运动传给主轴，使主轴带动工件实现主运动。因此，主运动传动链的首末件是电动机和主轴。普通车床的主轴应能变速及换向，以满足对各种工件的加工要求。

（1）传动路线：通过分析传动系统图，可写出主运动传动链的结构式为

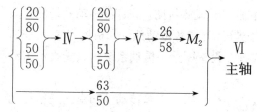

$$
\left\{
\begin{array}{l}
\left\{\dfrac{20}{80}\right\} \\[4pt]
\left.\dfrac{50}{50}\right.
\end{array}
\right\} \rightarrow \text{Ⅳ} \rightarrow
\left\{
\begin{array}{l}
\dfrac{20}{80} \\[4pt]
\dfrac{51}{50}
\end{array}
\right\} \rightarrow \text{Ⅴ} \rightarrow \dfrac{26}{58} \rightarrow M_2 \quad \begin{array}{c}\text{Ⅵ}\\ \text{主轴}\end{array}
$$

$$
\xrightarrow{\;\dfrac{63}{50}\;}
$$

（2）主轴的转速及转速级数：主轴的转速可按下列运动平衡式计算：

$$
n_{\text{主}} = 1\,450 \times \frac{130}{230} \times \varepsilon \times i_{\text{Ⅰ-Ⅱ}} \times i_{\text{Ⅱ-Ⅲ}} \times i_{\text{Ⅲ-Ⅳ}} \ （\text{r/min}）
$$

式中　ε——V 带打滑系数，$\varepsilon=0.98$；

$i_{\text{Ⅰ-Ⅱ}}$、$i_{\text{Ⅱ-Ⅲ}}$、$i_{\text{Ⅲ-Ⅳ}}$——轴Ⅰ-Ⅱ、Ⅱ-Ⅲ、Ⅲ-Ⅳ的可变传动比。

主轴最高转速为

$$
n_{\max} = 1\,450 \times \frac{130}{230} \times 0.98 \times \frac{56}{38} \times \frac{39}{41} \times \frac{63}{50} \approx 1\,420 \ （\text{r/min}）
$$

主轴最低转速为

$$
n_{\min} = 1\,450 \times \frac{130}{230} \times 0.98 \times \frac{51}{43} \times \frac{22}{58} \times \frac{20}{80} \times \frac{20}{80} \times \frac{26}{58} \approx 10 \ （\text{r/min}）
$$

由传动系统图可以看出，主轴名义上可获得 30 [2×3×(1+2×2)] 级正转转速，但由于 $i_{\text{Ⅲ-Ⅳ}}$ 的四种传动比中有两个均为 1/4，主轴实际上只能获得 24 [2×3×(1+3)] 级正转转速；反转转速也只有 12 [3×(1+3)] 级。

2. 进给运动传动链　进给运动传动链是使刀架实现纵向或横向移动的传动链，始端件为主轴，末端件是刀架。进给运动的动力也来源于主轴电机。进给运动的传动路线：运动从主轴Ⅵ经轴Ⅸ（或再经轴Ⅹ上的中间齿轮 25）传至轴Ⅺ，再经交换齿轮传至轴Ⅻ，然后传入进给箱。从进给箱传出的运动：一条传动路线是经丝杠ⅩⅨ带动溜板箱，使刀架纵向运动，这是车削螺纹的传动路线；另一条传动路线是经光杠ⅩⅩ和溜板箱内的一系列传动机构，带动刀架做纵向或横向的进给运动，这是一般机动进给的传动路线（其余可参阅相关教材）。

（三）机床机械传动系统的组成

由以上普通车床的传动系统分析可知机床机械传动系统由以下几部分组成：

（1）定比传动机构：具有固定传动比或固定传动关系的传动机构，例如前面介绍的几种常用的传动副。

（2）变速机构：改变机床部件运动速度的机构。例如，在图 2-2 中，主轴箱的轴Ⅰ、Ⅱ、Ⅲ、Ⅳ、Ⅴ间采用滑动齿轮变速机构，轴Ⅲ、Ⅵ和Ⅴ、Ⅶ间采用离合器式齿轮变速机构等。

（3）换向机构：变换机床部件运动方向的机构。为了满足加工的不同需要（例如车螺纹时刀具的进给和返回，车右旋螺纹和左旋螺纹等），机床的主传动部件和进给传动部件往往需要正、反向的运动。机床运动的换向，可以直接利用电动机反转，也可以利用齿轮换向机构（例如图 2-2 主轴箱中Ⅰ、Ⅱ和Ⅸ、Ⅺ轴间及溜板箱中ⅩⅪ、ⅩⅫ和ⅩⅪ、ⅩⅩⅤ轴间等都用了换向齿轮）等。

（4）操纵机构：用来实现机床运动部件变速、换向、启动、停止、制动及调整的机构。机床上常见的操纵机构包括手柄、手轮、杠杆、凸轮、齿轮齿条、拨叉、滑块及按钮等。

（5）箱体及其他装置：箱体用以支承和连接各机构，并保证它们相互位置的精度。为了保证传动机构的正常工作，还设有开停装置、制动装置、润滑与密封装置等。

（四）机械传动的优缺点

机械传动与液压传动、电气传动相比较，其主要优点如下：传动比准确，适用于定比传动；实现回转运动的结构简单，并能传递较大的扭矩；故障容易发现，便于维修。

但是，机械传动一般情况下不够平稳；制造精度不高时，振动和噪声较大；实现无级变速的机构成本高。因此，机械传动主要用于速度不太高的有级变速传动。

二、液压传动

（一）液压传动原理

除机械传动外，液压传动在机床上也得到广泛应用。例如磨床工作台的直线往复进给运动采用液压传动。图 2-3 所示是外圆磨床液压传动示意图。

如图 2-3 所示，液压系统工作时，电动机带动油泵 14 将油箱 20 中的低压油变为高压油，压力油经管路输送到换向阀 7，流到油缸 19 的右端或左端，使工作台 3 向左或向右做进给运动。此时油缸 19 另一端的油，经换向阀 7、滑阀 11 及节流阀 12 流回油箱。节流阀 12 是用来调节工作台运动速度的。

工作台的往复换向动作，是由挡块 5、6 使换向阀 7 的活塞自动转换实现的。挡块 5、6 固定在工作台 3 的侧面槽内，按照要求的工作台行程长度，调整两挡块之间的距离。当工作台向左移动到行程终了时，先是挡块 6 推动杠杆 9 到垂直位置；然后是作用在杠杆 9 滚柱上的弹簧帽 16 使杠杆 9 及活塞继续向左移动，从而完成换向动作。此时工作台 3 向右移动到行程终了时，先是挡块 5 推动杠杆 9 到垂直位置；然后是作用在杠杆 9 滚柱上的弹簧帽 16 使杠杆 9 及活塞继续向右移动，从而完成换向动作。如此往复循环，便实现了工作台的直线往复进给运动。

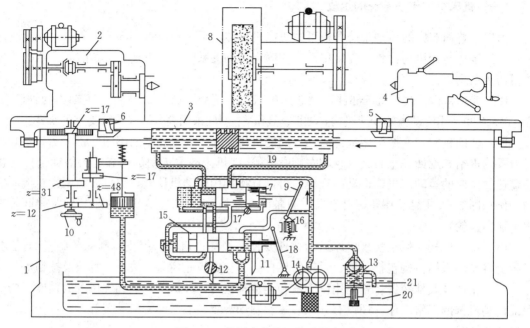

图 2-3　外圆磨床液压传动示意图

1. 床身　2. 头架　3. 工作台　4. 尾架　5、6. 挡块　7. 换向阀　8. 砂轮罩　9、18. 杠杆　10. 手轮　11. 滑阀
12. 节流阀　13. 安全阀　14. 油泵　15. 油腔　16. 弹簧帽　17. 油阀　19. 油缸　20. 油箱　21. 回油管

(二) 液压传动的特点

与机械传动比较，液压传动的主要特点是：

（1）容易在比较大的范围内实现无级变速。

（2）在与机械传动输出功率相同的条件下，液压传动的体积小、质量轻、惯性小、动作灵敏。

（3）传动平稳、操作方便、容易实现频繁的换向和过载保护，也便于采用电液联合控制，实现自动化。

（4）机件在油液中工作，润滑条件好，寿命长，但存在泄漏现象。

（5）油液有一定的可压缩性，油管也会产生弹性变形，因此不能实现定比传动，而且运动速度随油温和载荷而变化。

（6）液压元件制造精度高，需采用专业化生产。

第三节　自动机床和数控机床简介

自动化生产，是一种较理想的生产方式。在机械制造业中，对于大批量生产，采用自动机床（或半自动机床）、组合机床和专用机床组成的自动生产线（简称自动线），可解决生产自动化的问题。对于中小批量生产的自动化，可应用数控机床实现。

一、自动和半自动机床

经调整以后，不需人工操作便能完成自动循环加工的机床，称为自动机床。除装卸工件是由手工操作外，能完成半自动循环加工的机床，称为半自动机床。用机械程序控制的自动车床是自动机床的代表，其控制元件为靠模、凸轮、鼓轮等。在自动机床上，操作者的主要任务是在机床工作前根据加工要求调整机床，而在机床加工过程中，仅观察工作情况、检查加工质量、定期上料和更换已磨损刀具等。

图2-4所示是单轴自动车床工作原理图。待加工棒料穿过空心主轴3，并夹紧在弹性夹头2中，主轴由皮带带动。刀具分别安装在横向进给刀架7和纵向进给刀架4上。棒料的送进、夹紧、切削和切断等各种动作都受分配轴5上的一系列凸轮机构控制。分配轴5由蜗轮蜗杆机构带动后，其上的各凸轮机构便随之缓慢地匀速转动。送料鼓轮12通过杠杆拨动送料夹头1完成自动送料工作。夹料鼓轮11拨动杠杆控制弹性夹头2实现棒料的夹紧和松开。纵向进给凸轮6带动纵向进给刀架4使刀具实现纵向进给，横向盘形进给凸轮8通过杠杆带动横向进给刀架7完成切槽和切断动作。当分配轴5转动一周时，自动车床完成一个工作循环，也即加工出来一个完整的零件。

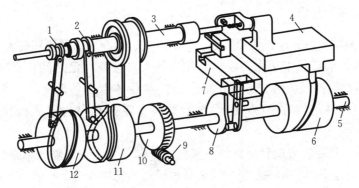

图2-4　单轴自动车床工作原理图

1. 送料夹头　2. 弹性夹头　3. 空心主轴　4. 纵向进给刀架　5. 分配轴　6. 纵向进给凸轮　7. 横向进给刀架
8. 横向盘形进给凸轮　9. 蜗杆　10. 蜗轮　11. 夹料鼓轮　12. 送料鼓轮

自动车床能够减轻工人劳动强度，提高生产率，稳定加工质量。

自动和半自动车床适用于大批量生产形状不太复杂的小型零件，如螺钉、螺母、轴套、齿轮轮坯等。其加工精度较低，生产率很高。但是，这种机械控制的自动和半自动机床，不但基本投资较大，而且在变换产品时，需要根据新的零件设计和制造一套新的凸轮，并需重新调整机床，这势必要花费大量的生产准备时间，造成生产周期较长，不能适应多品种、中小批量生产自动化的需要。

二、数控机床

数字控制机床（简称数控机床）是一种安装了程序控制系统的机床，该系统能逻辑地处理具有控制编码或其他符号指令规定的程序。数控机床是综合应用了机械制造技术，微电子技术，信息处理、加工、传输技术，自动控制技术，伺服驱动技术，监测监控技术，传感器技术，软件技术等最新成果而发展起来的完全新型的自动化机床。它的出现和发展，有效地解决了多品种、小批量生产精密、复杂零件的自动化问题。

（一）数控机床的工作原理

数控机床是把零件的全部加工过程记录在控制介质上，并输入机床的数控系统中，由数控装置发出指令码控制驱动装置，从而使机床动作加工零件。

数控机床的工作过程主要包括：

（1）对零件图纸进行数控加工的工艺分析，确定其工艺参数并完成数控加工的工艺设计，包括对零件图形的数学处理。

（2）编写加工程序单，并按程序单制作控制介质（纸带、磁带或磁盘）。

（3）由数控系统阅读控制介质上的指令，并对其进行信号译码、计算，将结果以脉冲信号形式依次送往相应的伺服机构。

（4）伺服机构根据接收到的信息和指令驱动机床相应的工作部件，使其严格按照既定的速度和位移量有序动作，自动实现零件的加工过程，加工出符合图纸要求的零件。

（二）数控机床的组成

数控机床一般由信息载体、数控装置、伺服系统、检测反馈装置和机床主机等组成。

1. 信息载体　信息载体又称为控制介质，是人与被控对象之间建立联系的媒介。在信息载体上存储着数控设备的全部操作信息。信息载体有多种形式，一般采用的是微处理机数控系统。该系统内存 ROM 中有编程软件，零件程序也能直接保存在系统内存 RAM 中。

2. 数控装置　数控装置接收来自信息载体的控制信息，完成输入信息的存储，并通过数据的变换、插补运算等将控制信息转换成数控设备的操作（指令）信号，使机床按照编程者的意图顺序动作，实现零件的加工。

现代数控机床的数控系统都应具备以下一些功能：

（1）多坐标控制（多轴联动）。

（2）实现多种函数的插补（直线、圆弧、抛物线等）。

（3）代码转换（EIA/ISO 代码转换、英制/公制转换、二/十进制转换、绝对值/增量值转换等）。

（4）人机对话，手动数据输入，加工程序输入、编辑及修改。

（5）加工选择，能进行各种加工循环、重复加工、凹凸模加工等。

（6）可实现各种补偿功能，进行刀具半径、刀具长度、传动间隙、螺距误差的补偿。

（7）实现故障自诊断。

（8）CRT 显示，实现图形、轨迹、字符显示。

（9）联网及通信功能。

3. 伺服系统　伺服系统是数控设备位置控制的执行机构。它的作用是将数控装置输出的位置指令经功率放大后，迅速、准确地转换为线位移或角位移来驱动机床的运动部件。

4. 检测反馈装置　检测反馈装置用来检测数控设备工作机构的位置或者驱动电机转角等，用作闭环、半闭环系统的位置反馈。

5. 机床主机　与传统的机床相比，数控机床的外部造型、整体布局、传动系统与刀具系统的部件结构以及操作机构等方面都发生了很大的变化。这种变化的目的是满足数控技术的要求和充分发挥数控机床的特点。

数控机床在主机结构上有以下特点：

（1）具有较高的动态刚度、阻尼精度及耐磨性，热变形较小。

（2）大多采用了高性能的主轴及伺服系统，其机械传动结构大为简化，传动链较短，从而有效地保证了传动精度。

（3）普遍地采用了高效、无间隙传动部件，如滚珠丝杠传动副、直线滚动导轨、塑料导轨等。

（4）机床功能部件增多，如工作台自动换位机构、自动上下料装置、自动检测装置等。

6. 辅助装置　辅助装置是保证数控机床功能充分发挥所需的配套装置，包括冷却过滤装置、吸尘防护装置、润滑装置及辅助主机实现传动和控制的气动和液动装置。另外，从数控机床技术本身的要求来看，刀仪、自动编程机、自动排屑器、物料储运及上下料装置也是必备的辅助装置。

（三）数控机床的分类

1. 按工艺用途分类

（1）金属切削类数控机床：这类机床和传统的通用机床品种一样，有数控车床、数控铣床、数控钻床、数控镗床以及加工中心等。

（2）金属成形类数控机床：这类机床有数控折弯机、数控弯管机、数控回转头压力机等。

（3）特种加工类数控机床：这类机床有数控电火花线切割机床、数控等离子弧切割机床、数控激光加工机床等。

2. 按运动方式分类

（1）点位控制数控机床：这类机床只对点位置进行控制，即机床的运动部件（刀具或工作台）只能从一个位置点精确移动到另一个位置点，而在移动、定位的过程中，不进行任何切削运动，且对运动轨迹没有要求。如图 2-5 所示，在数控钻床加工孔 3 时，走 a 和 b 路径都可以，但为了减少移动和定位时间，一般走路程最短的路径。如数控钻床、数控坐标镗床和数控冲床等都是点位控制数控机床。

（2）直线控制数控机床：这类机床不但控制运

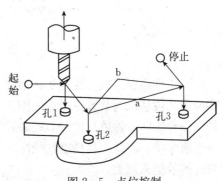

图 2-5　点位控制

动部件（刀具或工作台）从一点准确地移动到另一点，而且还要保证两点之间的运动轨迹为一条平行于坐标轴或与坐标轴成 45°的直线，且移动的同时要进行加工，如图 2-6 所示。如简易数控车床、数控铣床、数控镗床等都是直线控制数控机床。

（3）轮廓控制数控机床：这类机床又称多轴联动数控机床，能够实现两个或两个以上的坐标轴同时协调运动，不但能控制运动部件（刀具或工作台）的起点和终点坐标，而且还能控制整个加工过程的轨迹及每一点的速度和位

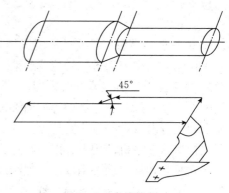

图 2-6 直线控制

移量，如图 2-7 所示。如现代的数控车床、数控铣床、加工中心等都是轮廓控制数控机床。

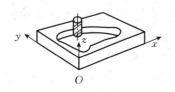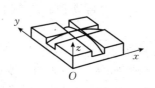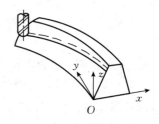

图 2-7 轮廓控制

3. 按控制方式分类

（1）开环伺服系统：这类机床一般由步进电机、变速齿轮和丝杠螺母副等组成（图 2-8）。由于伺服系统没有检测反馈装置，不能对工作台的实际位移量进行检验，也不能进行误差校正，故其位移精度比较低。但开环伺服系统结构简单、调试维修方便、价格低廉，适用于中小型经济型数控机床。

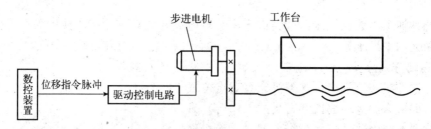

图 2-8 开环伺服系统结构框图

（2）闭环伺服系统：这类机床通常由直流伺服电机（或交流伺服电机）、变速齿轮、丝杠螺母副和位移检测装置等组成（图 2-9）。安装在机床工作台上的线位移检测装置将检测到的工作台实际位移值反馈到数控装置中，与指令要求的位置进行比较，用差值进行控制，直至差值为零，因此位移精度比较高。但系统比较复杂，调整、维修比较困难，一般应用在高精度的数控机床上。

（3）半闭环伺服系统：这类机床伺服系统也属于闭环控制的范畴，只是位移检测装置不

是安装在机床工作台上，而是安装在传动丝杠或伺服电机轴上（图 2-10）。丝杠螺母副等传动机构不在控制环内，它们的误差不能进行校正，故这种机床的精度不及闭环控制数控机床，但位移检测装置结构简单，系统的稳定性较好，调试较容易，因此应用比较广泛。

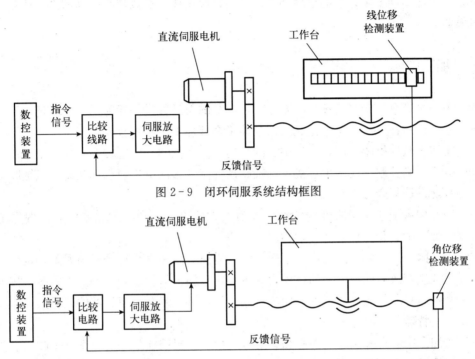

图 2-9 闭环伺服系统结构框图

图 2-10 半闭环伺服系统结构框图

（四）数控机床的特点

1. 数控机床的优点

（1）数控机床具有广泛的通用性和较大的灵活性：数控机床是按照控制介质记载的加工程序加工零件的，因此，当加工对象改变时，只需要更换控制介质和刀具就可自动加工出新的零件；而且由于现代数控机床一般都具有两坐标或两坐标以上联动的功能，能完成许多普通机床难以完成或根本不能完成的复杂型面的加工。

（2）具有较高的生产率：数控机床有足够大的刚度，可以选用较大的切削用量，能有效地缩短机动时间；还具有自动换刀、不停车变速和快速行程等功能，可使辅助时间大为缩短。另外，数控机床加工的零件形状及尺寸的一致性好，一般只需要进行首件检验。

（3）具有较高的加工精度和稳定的加工质量：数控机床本身的定位精度和重复定位精度都很高，很容易保证尺寸的一致性，大大减少了普通机床加工中人为造成的误差。不但可以保证零件获得较高的加工精度，而且质量稳定。

（4）大大减轻了工人的劳动强度。

2. 数控机床的缺点

（1）加工成本一般较高，设备先期投资大。

（2）只适宜多品种的中小批量生产。

（3）加工过程中难以调整。

（4）机床维修困难。

综上所述，对于单件、中小批量生产和形状比较复杂、精度要求较高的零件，以及产品更新频繁、生产周期要求较短的零件加工，选用数控机床，可以获得较高的产品质量和很好的经济效益。

三、加工中心

加工中心是带有一个容量较大的刀库（可容纳的刀具数量一般为10～120把）和自动换刀装置，使工件能在一次装夹中完成大部分甚至全部加工工序的数控机床。

和同类型的数控机床相比，加工中心的结构复杂，控制功能也较多。加工中心最少有三个运动坐标系，其控制功能最少可实现两轴联动控制，多的可实现五轴联动、六轴联动，从而保证刀具能进行复杂加工。

加工中心按主轴在空间所处的状态，分为立式加工中心和卧式加工中心；按加工精度分，有普通加工中心和高精度加工中心。

加工中心因一次安装定位完成多工序加工，避免了因多次装夹造成的误差，减少了机床台数，提高了生产效率和加工自动化程度。主要用于加工形状复杂、加工工序多、精度要求高、需要多种刀具才能完成的零件，如进行箱体类零件、复杂表面的零件、异形件、盘套板类零件及一些特殊工艺的加工等。

典型的加工中心有镗铣加工中心和车削加工中心。镗铣加工中心（图2-11）主要用于形状复杂、需进行多面多工序（如铣、钻、镗、铰和攻螺纹等）加工的箱体零件。

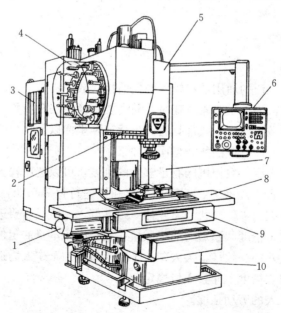

图2-11　JCS-018A型立式加工中心（镗铣加工中心）

1. 直流伺服电机　2. 换刀装置　3. 数控柜　4. 盘式刀库　5. 主轴箱　6. 机床操作面板
7. 驱动电源柜　8. 工作台　9. 滑座　10. 床身

复习思考题

1. 普通车床上采用了哪些传动副？它们在机床上各起什么作用？

2. 一般机床主要由哪几部分组成？它们各起什么作用？

3. 机床液压传动有什么特点？

4. 试画出 C6132（图 2-12）的主运动传动系统图，列出其传动链，并求出主轴 V 有几级转速，主轴 V 的最高转速和最低转速各为多少。

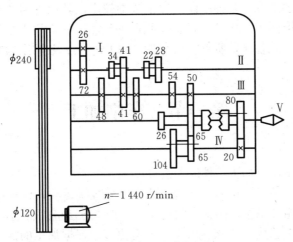

图 2-12 复习思考题 4 图

5. 图 2-13 所示为 CA6140 型普通车床纵向快速移动传动系统图。（1）简述床鞍不同移动方向是如何实现的；（2）写出此传动链的传动结构式；（3）计算床鞍的移动速度。

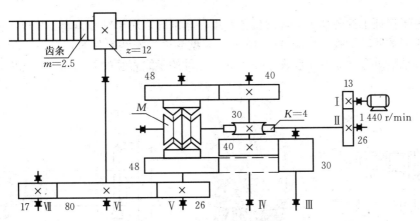

图 2-13 CA6140 型普通车床纵向快速移动传动系统图

6. 简述数控机床的工作原理及基本组成。

7. 与普通机床相比，数控机床有何特点？主要适用于何种类型零件的加工？

8. 什么是开环、闭环、半闭环伺服系统？各适用于什么场合？

9. 何谓加工中心？主要适用于何种类型零件的加工？

第三章

常 用 加 工 方 法

在机械制造中，加工方法多种多样，加工范围较广，其中常用的有车削、钻削、镗削、刨削、拉削、铣削和磨削等。尽管它们在基本原理方面有许多相同之处，但因为所用机床和刀具不同，切削运动形式各异，所以它们有各自的工艺特点及应用范围。

第一节　车削加工

车削：用车刀在车床上加工工件的工艺过程。

车削的主运动为工件旋转运动，进给运动为刀具直线运动，特别适用于加工回转表面。车削是外圆面加工的主要工序。因为车削比其他的加工方法应用普遍，所以在一般的机械加工车间中，车床往往占总数的 20%～35%，甚至更多。根据加工的需要，车床有很多类型，如卧式车床、立式车床、转塔车床、仪表车床、自动车床和数控车床等。

一、车削的工艺特点

（1）易于保证工件各加工表面的位置精度：车削时，对于轴和盘套类零件，由于工件各表面具有相同的回转轴线，如图 3-1 所示，卡盘或顶尖安装工件时，工件回转轴线与车床主轴的回转轴线重合。在一次装夹中加工同一工件的不同直径的外圆面、内孔面、端面、沟

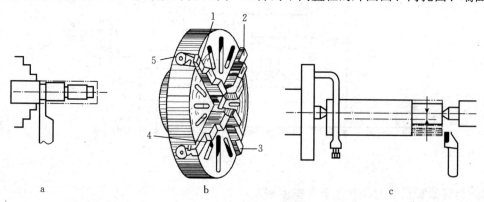

图 3-1　卡盘或顶尖安装工件
a. 三爪卡盘安装工件　b. 四爪单动卡盘安装工件　c. 顶尖安装工件
1、2、3、4. 卡爪　5. 螺杆

槽等，能保证各外圆轴线之间及外圆与内孔轴线间的同轴度，以及零件端面与轴线的垂直度要求。

（2）切削过程比较平稳：除了车削断续表面之外，一般情况下车削过程是连续进行的，不像铣削和刨削，在一次走刀过程中刀齿多次切入和切出，产生冲击。而且当车刀几何形状、背吃刀量和进给量一定时，切削层公称横截面积是不变的，切削力变化很小，车削过程比铣削和刨削平稳。车削可采用高速切削和强力切削，生产效率较高。车削加工既适用于单件、小批量生产，也适用于大批量生产。

（3）生产成本较低：车刀是刀具中结构最简单的。其制造、刃磨和安装均较方便，刀具费用低，车床附件多，装夹及调整时间较短，加之切削生产率高，故车削成本也较低。

（4）适用于车削加工的材料广泛：除难以切削 30 HRC 以上高硬度的淬火钢件外，可以车削黑色金属、有色金属及非金属材料（有机玻璃、橡胶等），特别适用于有色金属零件的精加工。因为有些有色金属零件材料的硬度较低，塑性较大，若用砂轮磨削，软的磨屑易堵塞砂轮，难以得到粗糙度低的表面。因此，当有色金属零件表面粗糙度值要求较小时，不宜采用磨削加工，而要用车削或铣削等方法精加工。

二、车削的应用

在车床上使用不同的车刀或其他刀具，可以加工各种回转成形面，如内外圆柱面、内外圆锥面、螺纹、沟槽、端面等。加工精度可达 IT8～IT7，表面粗糙度 Ra 值为 $6.3～0.8\ \mu m$。

车削常用来加工单一轴线的工件，如直轴和一般盘套类零件等。若改变工件的安装位置或车床适当改装，还可以加工多轴线的工件（如曲轴、偏心轮等）或盘形凸轮。图 3-2a、图 3-2b 所示为车削曲轴和偏心轮时工件安装的示意图。花盘安装使用与外形复杂的工件，如图 3-2c 中的弯管。

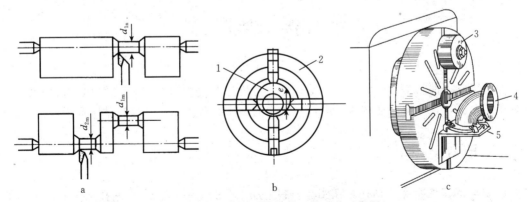

图 3-2　车削曲轴和偏心轮工件安装示意图
a. 用双顶尖安装车曲轴　b. 用四爪单动卡盘安装车偏心轮　c. 用花盘安装车弯管
1. 工件　2. 四爪卡盘　3. 配重块　4. 弯管　5. 角铁

单件、小批量生产中，各种轴、盘、套类零件多在卧式车床上加工；生产率要求较高、频繁变更种类的中小型零件，可选用数控车床加工；大型圆盘类零件（如火车轮、大型齿轮等）多用立式车床加工。成批生产外形复杂且具有内孔及螺纹的中小型轴、套类零件（图3-3）时，广泛采用转塔车床加工。大批量生产形状不太复杂的小型零件，如螺钉、螺母、管接头、轴套类等（图3-4），广泛采用半自动车床及自动车床进行加工，生产率很高，但精度较低。

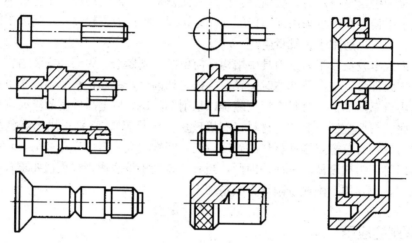

图3-3　转塔车床加工的典型零件

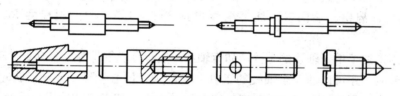

图3-4　单轴自动车床加工的典型零件

第二节　钻削加工

孔是组成零件的基本表面之一，钻孔是一种最基本的孔加工方法。钻孔经常在钻床、镗床和车床上进行，也可以在铣床上进行。常用的钻床有台式钻床、立式钻床和摇臂钻床。

一、钻孔

1. 钻削的工艺特点　钻孔是在实心材料上加工孔的第一道工序。钻孔加工有两种方式：一种是钻头旋转，例如在钻床、镗床上钻孔；另一种是工件旋转，例如在车床上钻孔。钻孔与车削外圆相比，工作条件要困难得多。钻削时，钻头工作部分处在已加工表面的包围中，因而带来一些特殊问题，例如钻头的刚度和强度、容屑和排屑、导向和冷却润滑等。其特点可概括如下：

（1）钻孔易引偏：引偏是指钻孔的孔径扩大、孔不圆或孔的中心线偏移（或不直）。如果钻头横刃定心不准，钻头的刚性和导向作用较差，则切入时钻头易偏移、弯曲。在钻床上钻孔易引起孔的轴线偏移和不直，如图 3-5a 所示；在车床上钻孔易引起孔径扩大、孔不圆，如图 3-5b 所示。

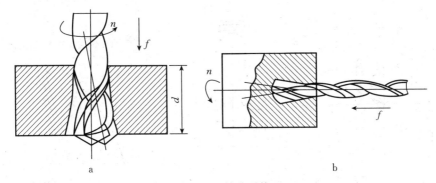

图 3-5　钻孔引偏

　　引偏产生的原因：钻孔时最常用的刀具是麻花钻（图 3-6），其直径和长度受所加工孔的限制，钻头细长，刚性差；为了形成切削刃和容屑空间，必须具备的两条螺旋槽使钻心变得更细，从而刚性变差；为减少与孔壁的摩擦，钻头只有两条很窄的刃带与孔壁接触，接触刚度和导向作用也很差。

　　钻头的两个主切削刃制造和刃磨时，很难做到完全一致和对称（图 3-6），导致钻削时作用在两个主切削刃上的径向分力大小不同。

　　钻头横刃处的前角呈很大的负值（图 3-6 中未标出），而钻孔时，最初与工件接触的又是横刃，因此钻头进刀困难；且横刃是一小段与钻头轴线近似垂直的直线刃，因此钻头切削时，横刃实际上不是在切削，而是在挤刮金属，导致横刃处的轴向分力很大。横刃稍不对称，将产生相当大的附加力矩，使钻头弯曲。零件材料组织不均匀、加工表面倾斜等，也会导致钻孔时钻头引偏。

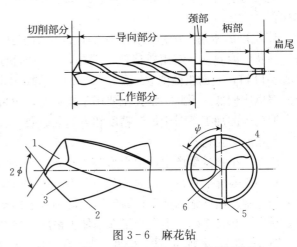

图 3-6　麻花钻

2ϕ 为顶角，一般为 $116°\sim120°$；ψ 为横刃斜角

1. 主后刀面　2. 副切削刃　3. 前刀面　4. 主切削刃

5. 副后刀面　6. 横刃

　　在实际生产中，为防止引偏可采用以下措施：①仔细刃磨钻头，使两个主切削刃对称，从而使径向切削力互相抵消，减少钻孔时的歪斜；②用大直径、小顶角（$2\phi=90°\sim100°$）的短钻头预钻一个锥形孔（中心孔），以起到钻孔时的定心作用，如图 3-7a 所示；③用钻模为钻头导向，如图 3-7b 所示，这样可减少钻孔开始时的引偏，特别是在斜面或曲面上钻孔时更为必要。

　　（2）排屑困难：钻孔的切屑较宽，在孔内被迫卷成螺旋状，流出时与孔壁发生强烈摩擦而划伤已加工各表面，甚至会卡死或折断钻头。因此在用标准麻花钻钻孔时要反复多次把钻头退出排屑。为了改善排屑条件，可在钻头上修磨分屑槽（图3-8），将较宽的切屑分成窄条，以利于排屑。

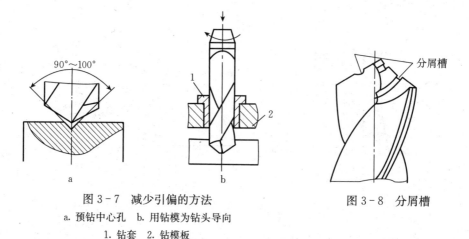

图3-7 减少引偏的方法
a. 预钻中心孔 b. 用钻模为钻头导向
1. 钻套 2. 钻模板

图3-8 分屑槽

（3）切削温度高、刀具磨损快：主切削刃上靠近钻心处和横刃上皆有很大的负前角，切削时将产生大量的热。加之钻削为半封闭切削，切屑不容易排出，切削热不易传散，切削液难以注入切削区，切屑、刀具和零件之间的摩擦很大，因此切屑区温度很高，致使刀具磨损加快。

2. 钻削的应用 用钻头在零件实体部位加工孔称为钻孔。在各类机器零件上经常需要进行钻孔，因此钻削应用较广泛。但是，钻削的精度较低，表面较粗糙，一般加工精度为IT13～IT11，表面粗糙度 Ra 值为50～12.5 μm。同时，钻孔不宜采用较大的切屑用量，生产效率也比较低。因此，钻孔主要用于粗加工，也可用于精度和表面粗糙度要求不高的螺钉孔和油孔等的加工。对于加工精度和表面质量要求较高的孔，则在后续加工中通过扩孔、铰孔、镗孔或磨孔达到。

单件、小批量生产中，中小型零件上的小孔（一般孔径 $D<13$ mm）常用台式钻床加工；中小型零件上直径较大的孔（一般 $D<50$ mm）常用立式钻床加工；大中型零件上直径较大的孔常用摇臂钻床加工；回转体零件轴线上的孔多在车床上加工。

在成批和大量生产中，为了保证加工精度、提高工作效率和降低加工成本，广泛使用钻模（图3-7b）、多轴钻（图3-9）或组合机床（图3-10）进行孔的加工。

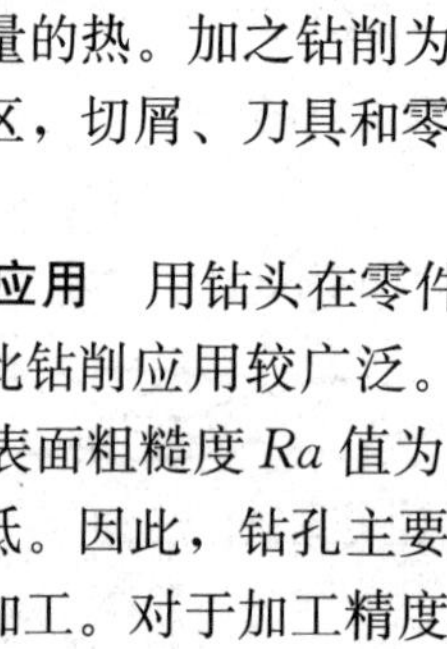

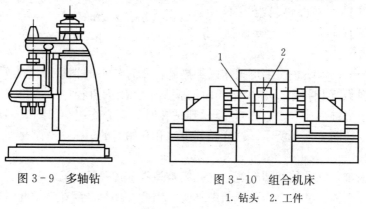

图3-9 多轴钻

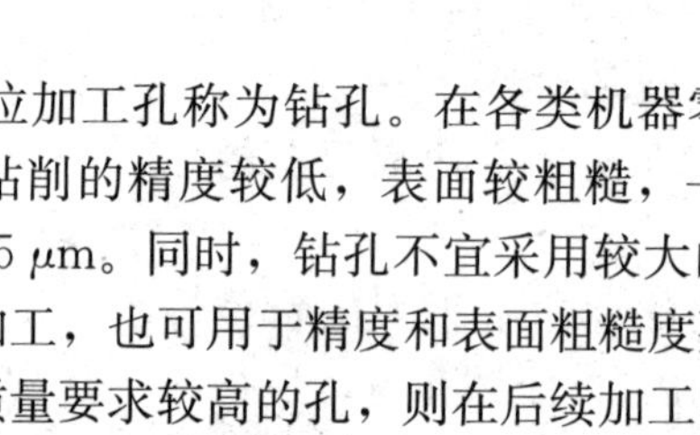

图3-10 组合机床
1. 钻头 2. 工件

对于精度高、表面粗糙度小的中小直径的孔，钻削之后还需要采用扩孔和铰孔进行半精加工和精加工。

二、扩孔和铰孔

1. 扩孔　扩孔是用扩孔钻（图 3-11）对工件上已经钻出、铸出或锻出的孔进一步加工的方法（图 3-12），能提高孔的加工精度，得到较小的表面粗糙度 Ra 值。扩孔的加工精度为 IT10～IT9，表面粗糙度 Ra 值为 6.3～3.2 μm。扩孔钻直径范围为 10～80 mm，切削部分无横刃，刀齿数（一般为 3～4 个）和棱边比麻花钻多，扩孔时的切削余量小（一般为孔径的 1/8 左右），所需排屑槽浅，钻心可以做得粗些，刀体强度和刚度较好，因而扩孔钻的刚度较高，工作时导向性好，故扩孔加工的质量比钻孔高，并且对孔的形状误差有一定的校正能力，是孔的一种半精加工方法。扩孔加工既可以作为精加工孔前的预加工，也可以作为要求不高的孔的最终加工。

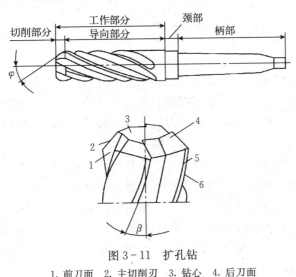

图 3-11　扩孔钻
1. 前刀面　2. 主切削刃　3. 钻心　4. 后刀面
5. 棱带（副后刀面）　6. 副切削刃

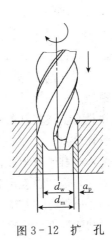

图 3-12　扩　孔

扩孔钻与麻花钻在结构上相比有以下特点：

（1）刚性较好：由于扩孔的背吃刀量比钻孔时小得多，切屑少，容屑槽可做得浅而窄，使钻心比较粗大，增加了切削部分的刚性。

（2）导向作用好：由于容屑槽浅而窄，可在刀体上做出 3～4 个刀齿，这样既可提高生产率，同时也增加了刀齿的棱边数，从而增强了扩孔时刀具的导向及修光作用，切削比较平稳。

（3）切削条件较好：扩孔钻的切削刃不自外缘延续到中心，无横刃，避免了横刃引起的不良影响。轴向力较小，可采用较大的进给量，生产率较高。此外，切屑少，排屑顺利，不易刮伤已加工表面。

由于上述原因，扩孔的加工质量比钻孔高，故在钻直径较大的孔（一般孔径 $D > 30$ mm）时，可先用小钻头（直径为孔径的 0.5～0.7 倍）预钻孔，再用所要求尺寸的大钻头扩孔。实践证明，这样虽分两次钻孔，但生产率比用大钻头一次钻孔高得多。

2. 铰孔 铰孔是在扩孔或半精镗孔的基础上进行的，是应用较普遍的孔精加工方法之一。相对于内圆磨削及精镗而言，铰孔是一种较为经济适用的加工方法。铰孔的加工精度为 IT8～IT6，表面粗糙度 Ra 值为 $1.6\sim0.4\ \mu m$。

铰孔采用铰刀进行加工。铰刀分为手铰刀和机用铰刀。手铰刀如图 3-13a 所示，用于手工铰孔，柄部为直柄；机铰刀如图 3-13b 所示，多为锥柄，装在钻床或车床上进行铰孔。

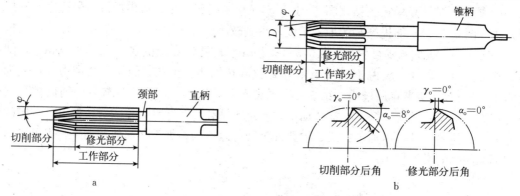

图 3-13 铰 刀
a. 手铰刀 b. 机铰刀

铰刀由工作部分、颈部和柄部组成。工作部分又分为切削部分和修光部分。切削部分为锥部，担负主要切削工作。修光部分有窄的棱边和倒锥。倒锥用以减小孔壁的摩擦和防止孔径扩大，棱边用以校准孔径、修光孔壁和导向。手铰刀修光部分较长，以增强导向作用。

铰孔除具有上述扩孔的优点之外，还具有以下工艺特点：

（1）铰孔余量小：铰孔余量对铰孔质量的影响很大。余量太大，铰刀的负荷大，切削刃很快被磨钝，不利于获得光洁的加工表面，尺寸公差也不易保证；余量太小，不能去掉上一道工序留下的刀痕，也就没有改善孔加工质量的作用。一般粗铰为 $0.15\sim0.35\ mm$，精铰为 $0.05\sim0.15\ mm$。切削力较小，产生的切削热较少，工件的受力变形和受热变形较小。

（2）切削速度低：比钻孔和扩孔的切削速度低很多，可避免积屑瘤的产生，同时也可减少切削热。一般粗铰 v_c 为 $4\sim10\ m/min$，精铰 v_c 为 $1.5\sim5\ m/min$。

（3）具有修光部分：铰刀有修光部分，其作用是校准孔径，修光孔壁，提高孔的加工质量。

麻花钻、扩孔钻和铰刀属于定尺寸刀具，都已标准化，在市场上比较容易买到。对于中等尺寸以下较精密的孔，在单件、小批量甚至大批量生产中，钻-扩-铰是经常采用的典型工艺。

钻、扩、铰只能保证孔本身的精度，而不易保证孔与孔之间的尺寸精度及位置精度。为了解决这一问题，可以利用夹具（如钻模）进行加工，也可采用镗孔。

第三节 镗削加工

镗削加工是用镗刀对已有的孔进行再加工的方法，是常用的孔加工方法之一。对于直径较大的孔（$D>80\,mm$）、内部成形面或孔内槽等，镗削是唯一适宜的加工方法。一般镗孔的加工精度为 IT8～IT6，表面粗糙度 Ra 值为 $1.6～0.8\,\mu m$；精镗时，加工精度可达 IT7～IT5，表面粗糙度 Ra 值为 $0.8～0.2\,\mu m$。镗孔不像扩孔、铰孔需要许多尺寸不同的刀具，而且容易保证孔中心线的准确位置及相互位置精度。镗孔的生产率低，要求较高的操作技术，这是因为镗孔的尺寸精度要依靠调整刀具位置来保证。在成批生产中通常采用专用镗床，孔之间的位置精度靠镗模的精度来保证。

镗孔可以在镗床或车床上进行。回转体零件上的轴心孔多在车床上加工，如图 3-14 所示。主运动和进给运动分别是零件的回转和车刀的移动。

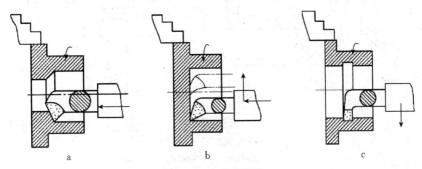

图 3-14　车床镗孔

a. 车通孔　b. 车不通孔　c. 车槽

箱体类零件上的孔或孔系（相互有平行度或垂直度要求的若干个孔）则常用镗床加工，如图 3-15、图 3-16 所示。镗孔时镗刀刀杆随主轴一起旋转，完成主运动；进给运动可由工作台带动零件纵向移动，也可由镗刀刀杆轴向移动来实现。根据结构和用途不同，镗床分为卧式镗床、立式镗床、坐标镗床和精密镗床等，应用最广的是卧式镗床。镗刀分为单刃镗刀和多刃镗刀。由于单刃镗刀和多刃镗刀在结构上不同，其工艺特点和应用也有所不同。

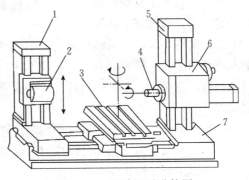

图 3-15　镗床上镗孔简图

1. 后立柱　2. 尾座　3. 工作台　4. 主轴
5. 前立柱　6. 主轴箱　7. 床身

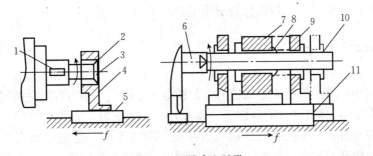

图 3-16　镗床上镗孔

1、6. 主轴　2、10. 镗杆　3、8. 镗刀　4、7. 工件　5. 工作台　9. 镗模　11. 滑板

一、单刃镗刀镗孔

单刃镗刀的刀头结构与车刀类似，只有一个主切削刃，使用时用紧固螺钉将其装夹在镗杆上。如图 3-17a 所示，不通孔镗刀刀头倾斜安装；如图 3-17b 所示，通孔镗刀刀头垂直于镗杆轴线安装。

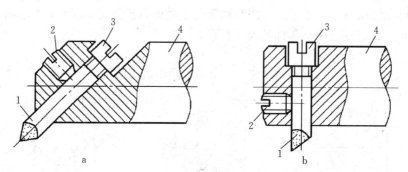

图 3-17 单刃镗刀
a. 不通孔镗刀   b. 通孔镗刀
1. 刀头   2. 紧固螺钉   3. 调节螺钉   4. 镗杆

单刃镗刀镗孔有如下特点：

（1）适合大工件的同轴孔系、平行孔系：特别是作为箱体零件上的同轴孔系和平行孔系的关键工序，镗削加工易保证质量。

（2）实用性较广，灵活性较大：单刃镗刀结构简单、使用方便，既可粗加工，也可半精加工或精加工。一般镗刀可加工直径不同的孔，孔的尺寸由刀头伸出镗杆的长度（可调整螺钉来调整）来保证，而不像钻孔、扩孔或铰孔是定尺寸刀具，因此对工人技术水平的依赖性也较大。

（3）可以校正原有孔的轴线歪斜或位置误差：因为镗孔质量主要取决于机床精度和工人技术水平，所以预加工孔如有轴线歪斜或有不大的位置误差，利用单刃镗刀可予以校正。这一点，若用扩孔或铰孔是不易达到的。

（4）生产率较低：单刃镗刀的镗杆直径受所镗孔径限制，一般刚度比较差，为了减少镗孔时镗刀的变形和振动，不得不采用较小的切削用量。机床和刀具的调整复杂，加之仅有一个主切削刃参与切削，故生产率比扩孔或铰孔低。

由于以上特点，单刃镗刀镗孔比较适用于单件、小批量生产。

二、多刃镗刀镗孔

在多刃镗刀中，有一种可调浮动镗刀，如图 3-18 所示。调节镗刀片的尺寸时，先松开螺钉 2，再旋螺钉 1，将刀片 3 的径向尺寸调节好，拧紧螺钉 2 把刀片 3 固定。镗孔时，镗刀片不是固定在镗杆上而是插在镗杆的长方孔中（图 3-19），并能在垂直于镗杆轴线的方向上自由滑动，由两个对称的切削刃产生的切削力自动平衡其位置。

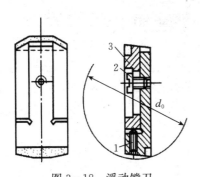
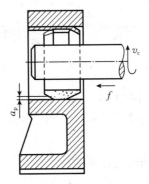

图 3-18　浮动镗刀　　　　　图 3-19　浮动镗刀工作情况

1. 调节尺寸螺钉　2. 紧固螺钉　3. 刀片

浮动镗刀镗孔具有如下特点：

(1) 加工质量较高：镗刀片在加工过程中的浮动可抵消刀具安装误差或镗杆偏摆所引起的不良影响，因此提高了孔的加工精度。较宽的修光刃可修光孔壁，降低表面粗糙度，但是，它与铰孔类似，不能校正原有孔的轴线歪斜或位置公差。

(2) 生产率高：浮动镗刀有两个主切削刃同时切削，并且操作简便。

(3) 刀具成本较单刃镗刀高：浮动镗刀结构比单刃镗刀结构复杂，刃磨费时。

由于以上特点，浮动镗刀主要用于成批生产、精加工箱体类零件上直径较大的孔。大批量生产中，镗削支架、箱体的轴承孔需要使用镗模。

另外，在卧式镗床上利用不同的刀具和附件，还可以钻孔、车端面、铣平面或车螺纹等 (图 3-20)。

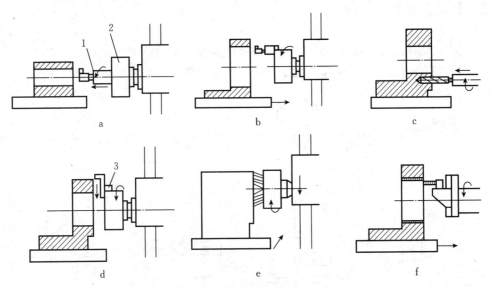

图 3-20　卧式镗床的主要工作

a. 镗孔　b. 镗大孔　c. 钻孔　d. 车端面　e. 铣平面　f. 车螺纹

1. 主轴　2. 平旋盘　3. 径向刀架

第四节　刨削加工

刨削加工指在刨床上用刨刀加工工件的工艺方法。刨削是平面加工的主要方法之一。常见的刨床类机床有牛头刨床、龙门刨床等。

一、刨削的工艺特点

（1）刨床的结构比车床、铣床等简单，成本低，调整和操作较简便。

（2）单刃刨刀与车刀基本相同，形状简单，制造、刃磨和安装较方便。

（3）生产率低。刨削加工为单刃切削，刨削的主运动为往复直线运动，反向时受惯性力的影响，加之刀具切入和切出时有冲击，限制了切削速度的提高。刨刀返回行程时不进行切削，加工不连续，增加了辅助时间。因此，刨削的生产率低于铣削。

（4）对于狭长表面（如导轨、长槽等）的加工，以及在龙门刨床上进行多件或多刀加工时，刨削的生产率可能高于铣削。

刨削的加工精度为 IT10～IT8，表面粗糙度 Ra 值为 3.2～1.6 μm。若在龙门刨床上用宽刃细刨刀以很低的切削速度、较大的进给量和较小的切削深度从工件表面上切去一层极薄的金属，则工件的表面粗糙度 Ra 值可达 1.6～0.4 μm，直线度可达 0.02 mm/m。宽刃细刨可以代替刮研，是一种先进、有效的精加工平面方法。

二、刨削的应用

刨削主要用于单件、小批量生产，在维修车间和模具车间应用较多。

如图 3-21 所示，刨削主要用来加工平面（包括水平面、垂直面和斜面），也广泛地用

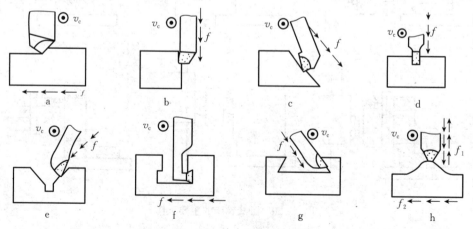

图 3-21　刨削的应用

a. 刨水平面　b. 刨垂直面　c. 刨斜面　d. 刨直角槽　e. 刨 V 形槽　f. 刨 T 形槽　g. 刨燕尾槽　h. 刨成形面

于加工直角槽、燕尾槽和 T 形槽等。如果进行适当的
调整和增加某些附件，还可用于加工齿条、齿轮、花
键和母线为直线的成形面等。

　　牛头刨床的最大刨削长度一般不超过 1 000 mm，
因此只适用于加工中小型工件。龙门刨床主要用来加
工大型零件，或同时加工多个中小型零件。龙门刨床
刚度较好，而且有 2～4 个刀架可同时工作，因此加工
精度和生产效率均比牛头刨床高。

　　插床又称立式牛头刨床，主要用来加工工件的内
表面，如插键槽（图 3 - 22）、花键槽等，也可用于加
工多边形孔，如四方孔、六方孔等，特别适用于加工
盲孔或有障碍台阶的内表面。

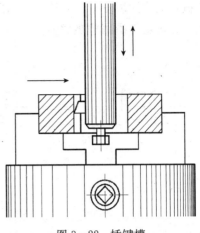

图 3 - 22　插键槽

第五节　拉削加工

　　拉削加工可以认为是刨削加工的进一步发展。如图 3 - 23 所示，拉削是利用多齿的拉
刀，逐齿依次从工件上切下很薄的金属层，使表面达到较高的精度和较小的表面粗糙度。拉
削所用的机床称为拉床。图 3 - 24 所示为拉孔示意图。

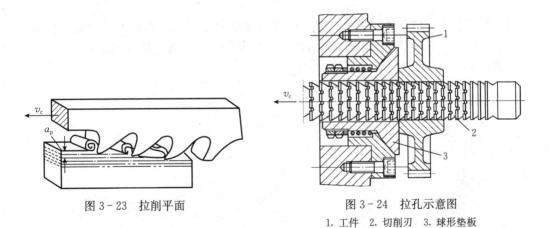

图 3 - 23　拉削平面

图 3 - 24　拉孔示意图
1. 工件　2. 切削刃　3. 球形垫板

一、拉削的工艺特点

　　（1）生产率高：拉刀是多齿刀具，同时参加切削的刀齿较多，参与切削的切削刃较长，
并且在拉刀的一次工作过程中能够完成粗加工、半精加工和精加工，大大缩短了基本工艺时
间和辅助时间。

　　（2）加工精度高，表面粗糙度值较小：如图 3 - 25 所示，拉刀有校准部分，其作用是校
准尺寸、修光表面，并可作为精切齿的后备刀齿。校准部分的刀齿的切削量很小，仅切去工

件材料的弹性恢复量。另外，拉削的切削速度较低，一般 $v_c<18$ m/min，拉削过程比较平稳，并可避免积屑瘤的产生。一般拉孔的精度为 IT8～IT6，表面粗糙度 Ra 值为 0.8～0.4 μm。

头部　颈部　前导部　切削部分　校准部分　后导部　尾部
过渡锥部

图 3-25　拉刀的结构

（3）拉床结构和操作比较简单：拉削只有一个主运动，即拉刀的直线运动。进给运动是靠拉刀的后一个刀齿高出前一个刀齿来实现的。相邻刀齿的高出量称为齿升量。

（4）拉刀价格昂贵、寿命长：拉刀的结构和形状复杂，精度和表面粗糙度质量要求较高，故制造成本很高。但因为拉削切削速度较低，刀具磨损较慢，刃磨一次可以加工数以千计的零件，加之一把拉刀又可以重磨多次，所以拉刀的寿命长。当加工零件的批量较大时，刀具的单件成本并不高。

（5）其他不足之处：与铰孔相似，拉削不能纠正孔的位置精度；不能拉削加工盲孔、深孔、阶梯孔及有障碍的外表面。

二、拉削的应用

拉削可以加工各种各样的通孔（图 3-26），如圆孔、方孔、多边形孔、花键孔和内齿轮等；也可以加工多种多样的沟槽，如键槽、T 形槽和燕尾槽等；外拉削还可以加工平面和成形面等。

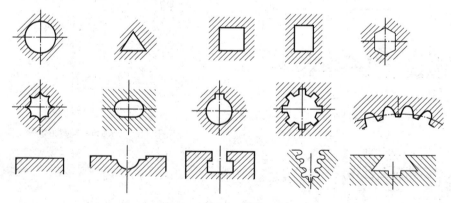

图 3-26　拉削加工的各种表面

拉孔时如图 3-24 所示，工件的预制孔不必精加工（钻或粗镗后即可），工件也不必夹紧，只以工件端面作为支承面，这就需要原孔轴线与端面符合垂直度要求。若孔的轴线与端面不垂直，则应将工件端面贴在球形垫板上，这样在拉削力的作用下，工件连同球形垫板能微量转动，使工件孔的轴线自动调整到与拉刀轴线一致的方向。

拉刀成本高、刃磨复杂，除标准化和规格化的零件外，在单件、小批量生产中很少应用。

拉削加工主要适用于成批和大量生产，尤其适用于在大量生产中加工比较大的复合型面，如发动机的气缸体等。在单件、小批量生产中，对于某些精度要求较高、形状特殊的成形表面，用其他方法加工很困难时，也有用拉削加工的。

第六节　铣削加工

铣削加工在铣床上进行，刀具为铣刀。铣削是平面的主要加工方法之一。铣削时，主运动为铣刀的高速旋转，进给运动为工件的连续进给运动。铣床的种类很多，常用的是升降台卧式铣床和升降台立式铣床。铣削大型零件的平面则用龙门铣床。龙门铣床生产率高，多用于批量生产。

一、铣削的工艺特点

（1）生产率较高：铣削属于多齿切削，铣刀是典型的多齿刀具，铣削时有几个刀齿同时参加工作，并且参与切削的切削刃较长。铣削的主运动是旋转，有利于高速铣削。铣削时无刨削那样的空行程，生产率较高。

（2）切削过程不平稳：铣削是断续切削过程，刀齿切入和切出时受到的机械冲击很大，易引起振动；在切削过程中每个刀齿的切削层厚度 h_i 随刀齿位置变化（图 3-27），从而引起切削层横截面积变化。因此，铣削过程中铣削力是变化的，切削过程不平稳，容易产生振动，这样就使铣削总处于不平稳的工作状态，限制了铣削加工质量和生产率的进一步提高。

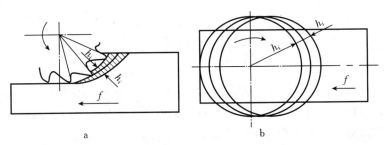

图 3-27　铣削时切削层厚度的变化

a. 周铣　　b. 端铣

（3）刀齿冷却条件较好：由于刀齿间断切削，工作时间短，在空气中冷却时间长，故散热条件好，同时切削液易注入切削区。但是，切入和切出时热和力的冲击将加速刀具的磨损，甚至可能引起硬质合金刀片的碎裂。

二、铣削方式

平面的铣削方式有周铣和端铣（图 3-28）。在选用铣削方式时，要注意到它们各自的特点和适用场合，以便保证质量和提高生产效率。

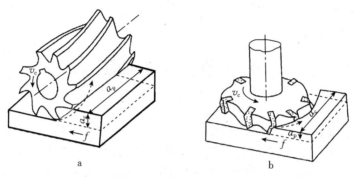

图 3-28　铣削方式及运动
a. 周铣　b. 端铣

1. 周铣　用圆柱铣刀的圆周刀齿铣削平面，称为周铣。周铣时铣刀的回转轴线和被加工平面平行。按照铣平面时主运动方向与进给运动方向的相对关系，周铣可分为逆铣和顺铣，如图 3-29 所示。在切削部位，刀齿的旋转方向和工件的进给方向相同时是顺铣；相反时是逆铣。顺铣和逆铣各有特点，应根据加工的具体条件合理选择。

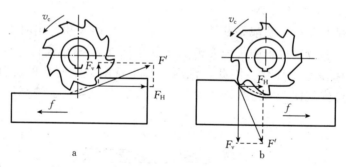

图 3-29　逆铣和顺铣
a. 逆铣　b. 顺铣

逆铣时，每个刀齿的切削层厚度是从零逐渐增大到最大值。因为铣刀刃口处总有圆弧存在，而不是绝对尖锐的，所以在刀齿接触工件的初期，不能切入工件，而是在工件表面上挤压、滑行一段距离后才能真正切入工件，使刀齿与工件之间的摩擦加大，加速了刀具磨损，同时也使表面质量下降。顺铣时，每个刀齿的切削层厚度是由最大减小到零，从而避免了上述问题，故顺铣时铣刀寿命比逆铣高 2～3 倍。

逆铣时铣削力的垂直分力 F_v 上抬工件；而顺铣时铣削力的垂直分力 F_v 将工件压向工作台，减少了工件振动的可能性，尤其铣削薄而长的零件时顺铣更为有利。

由上述分析可知，从提高刀具耐用度和工件表面质量、增加工件夹持的稳定性等观点出发，一般宜采用顺铣法。但是，顺铣时忽大忽小的水平分力 F_H 与工件的进给方向是相同的，且工作台进给丝杠与固定螺母之间存在间隙（图 3-30），间隙在进给方向的前方。由于 F_H 的作用，就会使工件连同工作台和丝杠一起向前窜动，造成进给量突然增大，甚至引起切削刀具破坏。而逆铣时，水平分力 F_{11} 与工件的进给方向相反，铣削过程中工作台丝杠始终压向固定螺母，不致因为间隙的存在而引起工件窜动。目前，一般铣床尚没有消除工作台丝杠与固定螺母之间间隙的机构，所以生产中仍采用逆铣。

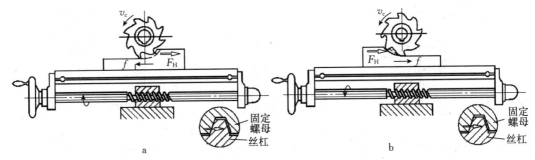

图 3-30　逆铣和顺铣时丝杠与固定螺母之间存在间隙

a. 逆铣　b. 顺铣

另外，当铣削带有黑皮的表面时，例如铸件或锻件表面的粗加工，若用顺铣法，因刀齿首先接触黑皮，将加剧刀齿的磨损，故也采用逆铣。

2. 端铣　用端铣刀的端面刀齿加工平面，称为端铣（图 3-28）。端铣时铣刀的回转轴线与被加工平面垂直。

端铣与周铣是两种主要铣削方式，分析比较其特点如下：

（1）端铣的切削过程比周铣平稳：如图 3-28 所示，周铣时，同时切削的刀齿数与加工余量 a_p 有关，一般仅有 1~2 个；端铣时，同时切削的刀齿数与被加工表面的宽度 a_c 有关，而与加工余量 a_p 无关，即使在精铣时，也有较多的刀齿同时工作。另外，因为端铣的切削层厚度 h_i 变化小，切削力变化小，所以端铣的切削过程比周铣平稳，有利于提高加工质量。

（2）端铣可达到较小的表面粗糙度：①端铣的切削过程平稳；②端铣刀除主切削刃担任主要的切除工作外，副切削刃还对已加工表面修光，而圆柱铣刀只有主切削刃参加切削，已加工表面是由许多依次排列的小圆弧组成。

（3）端铣可采用高速铣削，提高生产率：端铣刀一般直接安装在铣床的主轴端部，伸出主轴的长度较小，刀具系统的刚度较好；圆柱铣刀安装在卧式铣床细长的刀轴上，刀具系统的刚度远不如端铣刀。同时端铣刀可方便地镶嵌硬质合金刀片，而圆柱铣刀多采用高速钢制造。因此，端铣可采用高速铣削，提高了生产力，也提高了已加工表面质量。

（4）周铣的多样性好，适应性强：周铣除加工平面外，还可以利用多种形式的铣刀，较方便地铣削沟槽、齿形等。

鉴于以上分析，在平面铣削中大都采用端铣。但在进行沟槽、齿形等的加工时，采用周铣较方便。

三、铣削的应用

铣削的形式较多，铣刀的类型和形状更是多种多样，再配上附件（分度头、圆形工作台

等），铣削的加工范围较广。铣削主要用来加工平面（包括水平面、垂直面和斜面）、沟槽
（包括直角槽、键槽、V 形槽、燕尾槽、T 形槽、圆弧槽和螺旋槽）、成形面和切断等。
图 3-31 所示是铣削几种沟槽的示意图。直角槽可以在卧式铣床用三面刃盘形铣刀加工，也
可以在立式铣床上用立铣刀加工。燕尾槽、T 形槽常用带柄的专用槽铣刀在立式铣床上铣
削。在卧式铣床上还可以用成形铣刀加工成形面和利用锯片铣刀切断。

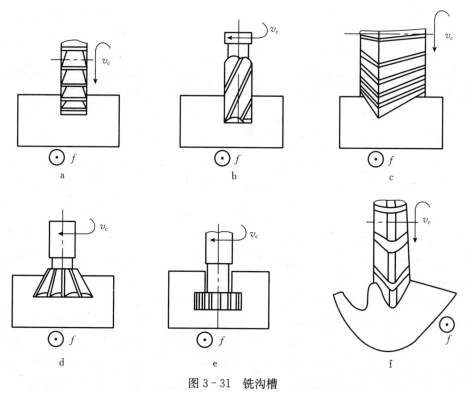

图 3-31　铣沟槽
a. 三面刃盘形铣刀铣直角槽　b. 立铣刀铣直角槽　c. 铣角度槽　d. 铣燕尾槽　e. 铣 T 形槽　f. 成形铣刀铣成形面

　　铣削的加工精度一般可达 IT10～IT8，表面粗糙度 Ra 值为 3.2～1.6 μm。

　　加工中小型工件时，多采用升降台铣床（分为卧式和立式两种）。加工大中型工件时可
以采用龙门铣床。龙门铣床与龙门刨床相近，有 3～4 个可同时工作的铣头，生产率高，广
泛应用于成批和大批量生产中。

第七节　磨削加工

　　磨削是用磨具以较高的线速度对工件表面进行加工的方法。通常把使用磨具进行加工的
机床称为磨床。常用的磨具有固结磨具（砂轮、油石等）和涂覆磨具（砂带、砂布等）。本
节主要讨论用砂轮在磨床上加工工件的特点及其应用。磨床按加工用途的不同可分为外圆磨
床、内圆磨床和平面磨床等。

一、砂轮

砂轮是磨削的主要工具，是由硬度很高的粒状磨料和结合剂压制烧结而成的多孔物体，如图 3-32 所示。砂轮的性能主要取决于砂轮的磨料、粒度、结合剂、硬度、组织、形状及尺寸等因素。下面分别加以介绍。

1. 磨料　磨料是砂轮的主要成分。砂轮的磨料应具有很高的硬度、耐热性、韧性、强度，且棱角锋利。常用的磨料有刚玉类、碳化硅类和超硬磨料类。常用磨料的名称、代号、特性和用途见表 3-1。

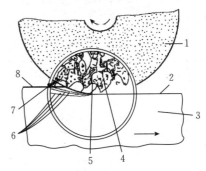

图 3-32　砂轮及磨削示意图
1. 砂轮　2. 已加工表面　3. 工件　4. 磨料
5. 结合剂　6. 加工表面　7. 空隙　8. 待加工表面

表 3-1　常用磨料的名称、代号、特性和用途

磨料名称		代号	主要成分	显微硬度 HV	特性	热稳定性	适合磨削范围
刚玉类	棕刚玉	A	Al_2O_3	2 200～2 280	棕褐色，韧性大，硬度高	2 100 ℃ 熔融	碳钢、合金钢、铸铁、硬青铜
	白刚玉	WA	Al_2O_3	2 200～2 300	白色，硬度比棕刚玉高，韧性比棕刚玉低		淬火钢、高速钢、高碳钢
碳化硅类	黑碳化硅	C	SiC	2 840～3 320	黑色，有光泽，硬度比白刚玉高，性脆而锋利	>1 500 ℃ 氧化	铸铁、黄铜、非金属材料、耐火材料
	绿碳化硅	GC	SiC	3 280～3 400	绿色，硬度和脆性比黑碳化硅高		硬质合金、宝石、陶瓷
超硬磨料类	立方氮化硼	CBN	立方氮化硼	6 000～8 500	黑色，硬度高，耐磨性高	<1 300 ℃ 稳定	硬质合金、高速钢、不锈钢
	人造金刚石	D	碳结晶体	6 000～10 000	淡绿色、黑色或白色，硬度高	>700 ℃ 石墨化	硬质合金、宝石、陶瓷、半导体

2. 粒度　粒度表示磨粒的尺寸大小。粒度分磨粒与微粉两组。磨粒的粒度号是以筛网上 25.4 mm（每英寸）长度内的孔眼数来表示，如 60$^{\#}$ 表示磨粒刚好能通过每英寸 60 个孔眼的筛网。可见，粒度号越大，颗粒越细。微粉的粒度号以代号 W 及磨料的实际尺寸（单位 μm）来表示。

磨料粒度的选择主要与加工表面的粗糙度和生产率有关。

粗磨时，磨削余量大，对表面粗糙度要求不是很高，应选用较粗的磨粒。精磨时，余量较小，要求表面粗糙度较低，可选用细的磨粒。

3. 结合剂 结合剂的作用是将磨粒黏合成具有各种形状及尺寸的砂轮。砂轮的强度、硬度、耐热性和耐磨性等重要指标，在很大程度上取决于结合剂的特性。

常用结合剂及其代号、性能、用途见表3-2。

表3-2 常用结合剂及其代号、性能、用途

结合剂	代号	性能	用途
陶瓷	V	耐油、耐蚀、耐热，气孔率大，易保持轮廓形状，弹性差	最常用，适用于各类磨削加工
树脂	B	强度比陶瓷高，弹性好，耐热性差，不耐酸碱，气孔率小，易堵塞	用于高速磨削，能制薄片砂轮
橡胶	R	强度比树脂高，更有弹性，气孔率小，耐热性差，不耐油，不耐酸	用于切断和开槽
青铜	J	强度最高，结合型面保持性好，磨耗小，自锐性差	适用于金刚石砂轮

4. 砂轮的硬度 砂轮的硬度是指磨粒在磨削力作用下，从砂轮表面上脱落的难易程度。砂轮的硬度低，表示砂轮的磨粒容易脱落；砂轮的硬度高，表示磨粒较难脱落。由此可见，砂轮的硬度与磨料的硬度是两个完全不同的概念。硬度相同的磨料，可以制成硬度不同的砂轮。

砂轮的硬度主要取决于结合剂的黏结能力及含量。结合剂的黏结力强或含量多时，砂轮的硬度高。砂轮的硬度分七个等级。根据规定，常用砂轮的硬度等级及其代号见表3-3。

表3-3 常用砂轮的硬度等级及其代号

硬度等级	大级	超软	软			中软		中		中硬			硬		超硬
	小级	超软	软1	软2	软3	中软1	中软2	中1	中2	中硬1	中硬2	中硬3	硬1	硬2	超硬
代号		D、E、F	G	H	J	K	L	M	N	P	Q	R	S	T	Y

磨削时，如砂轮硬度过高，则磨钝了的磨粒不能及时脱落，会使磨削温度升高而造成工件烧伤；若砂轮太软，则磨粒脱落过快，不能充分发挥磨粒的磨削效能。

砂轮硬度选择的一般原则：磨削软材料选较硬的砂轮，磨削硬材料选较软的砂轮。精磨时，为了保证磨削精度和表面粗糙度要求，应选用稍硬的砂轮。工件材料的导热性差，易产生烧伤和裂纹时（如磨硬质合金），选用的砂轮应软些。

5. 砂轮的组织 砂轮的组织是指砂轮中磨料、结合剂和气孔三者体积的比例关系。磨料在砂轮总体积上所占的比例越大，砂轮的组织越紧密；反之，砂轮的组织越疏松。砂轮的组织分为紧密、中等、疏松三大类，细分为15个组织号。组织号为0者，组织最致密；组织号为14者，组织最疏松。

砂轮组织疏松，有利于排屑、冷却，但容易磨损和失去正确的轮廓。组织紧密，则情况与之相反，并且可以获得较小的表面粗糙度。一般情况下采用中等组织的砂轮。精磨和成形磨削用组织紧密的砂轮。磨削接触面积大和薄壁的零件时，用组织疏松的砂轮。

6. 砂轮的形状及尺寸 为了适应不同的加工要求，砂轮制成不同的形状。同样形状的砂轮，还可制成多种不同的尺寸。常用砂轮的形状、代号及用途见表3-4。

表3-4 常用砂轮的形状、代号及用途

砂轮名称	代号	断面形状	用途
平行砂轮	P	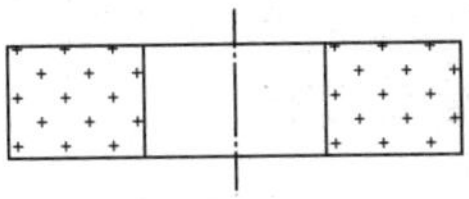	根据不同尺寸，分别用于磨外圆、内孔、平面及刃磨刀具
筒形砂轮	N	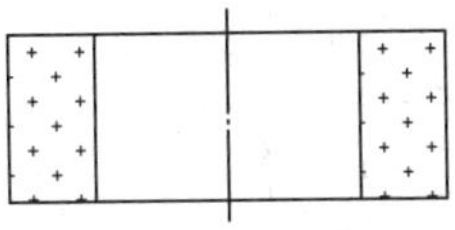	用于端磨平面
薄片砂轮	PB	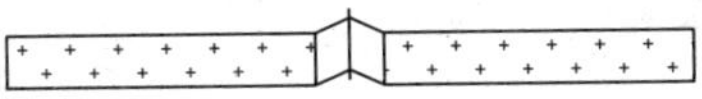	用于切断、切槽
杯形砂轮	B	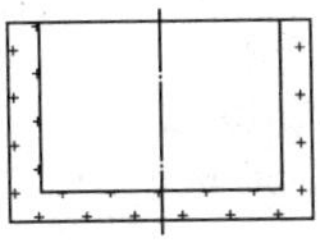	主要用其端面刃磨刀具，也可以用其圆周面磨平面及内孔
碗形砂轮	BW	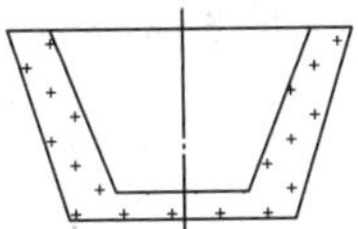	通常用于端磨平面、刃磨刀具后刀面
蝶形砂轮	D	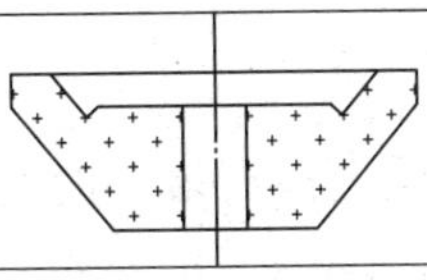	通常用于刃磨铣刀、铰刀、拉刀等，大尺寸砂轮用于磨齿轮齿面
双斜边砂轮	PSX	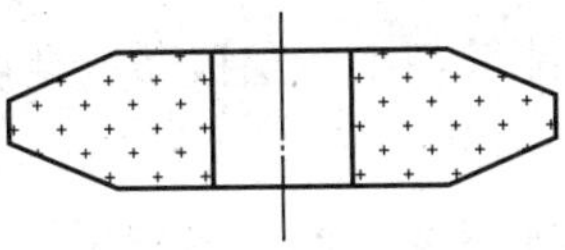	主要用于磨齿轮及螺纹

为便于选用砂轮，在砂轮的非工作表面上印有其特性代号，如：

P 400×150×203 A 60 L 5 V 35

其中，P 表示砂轮的形状为平行，400×150×203 分别表示砂轮的外径、厚度和内径尺寸，A 表示磨料为棕刚玉，60 表示粒度为 60 号，L 表示硬度为 L 级（中软），5 表示组织为 5 号（磨料率为 52%），V 表示结合剂为陶瓷，35 表示最高工作线速度为 35 m/s。

二、磨削过程

磨削也是一种切削加工。砂轮表面上分布着为数甚多的磨粒。每个磨粒相当于多刃铣刀的一个刀齿，突出的磨粒尖锐，可以认为是微小的切削刃。因此磨削可以看成众多"刀齿铣刀"的一种超高速铣削。

砂轮表面磨粒形状各异，排列也很不规则，其间距和高低为随机分布。磨削时砂轮磨粒是负前角切削，且负前角远远大于一般切削的负前角。负前角切削是磨削加工的一大特点，磨削过程中的许多物理现象均与此有关。

磨粒的切削过程如图 3-33 所示。砂轮表面凸起高度较大和较为锋利的磨粒，切入工件较深且有切屑产生，起切削作用（图 3-33a）；凸起高度较小和较钝的磨粒，只能在工件表面刻划细微的沟痕，工件材料被挤向两旁而隆起，此时无明显切屑产生，仅起刻划作用（图 3-33b）；比较凹下和已经钝化的磨粒，既不切削，也不刻划，只是从工件表面划擦而过，起摩擦抛光作用（图 3-33c）。

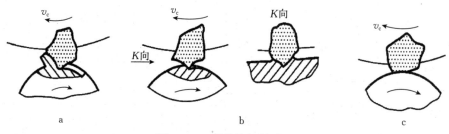

图 3-33　磨粒的切削过程
a. 切削　　b. 刻划　　c. 摩擦抛光

由此可见，磨削过程的实质是切削、刻划和摩擦抛光的综合作用过程，因此可获得较小的表面粗糙度。

三、磨削的工艺特点

（1）精度高、表面粗糙度小：磨削时，砂轮表面有极多的切削刃，并且刃口圆弧半径 r 较小。例如粒度为 46 号的白刚玉磨粒，$r=0.006\sim0.012$ mm，而一般车刀和铣刀的 $r=0.012\sim0.032$ mm。磨粒上较锋利的切削刃能够切下一层极薄的金属，切削厚度可以小到数微米。

磨削所用的磨床，比一般切削加工机床精度高，刚度及稳定性好，而且微量进给机构刻度值小（表 3-5），可以进行微量切削，从而保证了精密加工的实现。

表 3-5　不同机床微量进给机构的刻度值

机床名称	立式铣床	车床	平面磨床	外圆磨床	精密外圆磨床	内圆磨床
刻度值/mm	0.05	0.02	0.01	0.005	0.002	0.002

磨削时，切削速度很高，如普通外圆磨削 $v_c=30\sim50$ m/s，高速磨削 $v_c>50$ m/s。当磨粒以很高的切削速度从工件表面切过时，有很多切削刃同时进行切削，每个切削刃从工件上切下极少量的金属，残留面积的高度很小，有利于形成光洁的表面。因此，磨削可以达到高的精度和低的表面粗糙度。一般磨削可达 IT7～IT6（磨外圆时可达 IT5），表面粗糙度 Ra 值为 $0.8\sim0.2$ μm。当采用小表面粗糙度磨削时，Ra 值可达 $0.1\sim0.008$ μm。

（2）砂轮有自锐作用：砂轮在受磨损而变钝后，磨粒就会破碎，产生新的较锋利的棱角，或者圆钝的磨粒从砂轮表面脱落，露出一层新鲜锋利的磨粒，继续进行对工件的切削加工。砂轮这种自行推陈出新，以保持自己锋锐的性能称为自锐性。磨削过程中砂轮的自锐作用是其他切削刀具所没有的。一般刀具的切削刃，如果磨钝或损坏，则切削不能继续进行，必须换刀或重磨。而砂轮由于本身的自锐性，使得磨粒能够持续以较锋利的刃口对零件进行切削。实际生产中，有时就利用这一原理进行强力连续磨削，以提高磨削加工的生产效率。

（3）背向磨削力 F_p 较大：与车外圆时切削力的分解类似，磨外圆时总切削力 F 也可以分解为三个互相垂直的力（图 3-34）。其中，F_c 称为主磨削力，F_p 称为背向磨削力，F_f 称为进给磨削力。在一般切削加工中，主切削力比背向力大得多；而在磨削时，背吃刀量很小，背向磨削作用在工艺系统刚度较差的方向上，磨削过程中，砂轮与工件表面接触面大，切削的深度小，故背向磨削力（径向分力）F_p 比主磨削力 F_c 还大，一般 $F_p=(1.5\sim3)\ F_c$。而且工件材料塑性越小，F_p/F_c 比值越大。

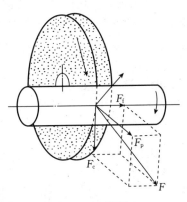

图 3-34 磨削力

虽然背向磨削力 F_p 不消耗功率，但它作用在工艺系统（机床、夹具、工件、刀具所组成的系统）刚度较差的方向上，容易使工艺系统变形，影响加工精度。例如，纵磨细长轴的外圆时，由于工件的弯曲而产生腰鼓形，如图 3-35 所示。

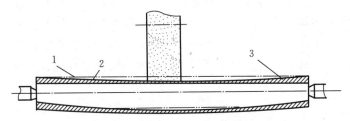

图 3-35 背向磨削力所引起的加工误差
1. 变形前　2. 变形后　3. 被切除的金属层

进给磨削力 F_f 最小，一般可忽略不计。另外，工艺系统的变形，会使实际的背吃刀量减小，将增加走刀次数。一般在最后几次光磨走刀时，要少吃刀或不吃刀，以逐步消除由于变形而产生的加工误差，这样就降低了生产效率。

（4）磨削温度高：磨削时的切削速度为一般切削加工的 10~20 倍，在这样高的切削速度下，加上磨粒多为负前角切削，挤压和摩擦较严重，消耗功率大，再加上磨轮本身的传热性很差，大量的磨削热在短时间内传散不出去，在磨削区形成瞬时高温，有时可达 800~1 000 ℃。

高的磨削温度容易烧伤工件表面，使淬火钢件表面退火，硬度降低，即使切削液的浇注可以降低切削温度，但又可能产生二次淬火，会在工件表层产生拉应力及显微裂纹，降低砂轮的耐用度，也影响工件的表面质量和使用寿命。而且在高温下，工件材料将变软且容易堵塞砂轮，这不仅影响砂轮的耐用度，也影响工件的表面质量。因此，在磨削过程中应采用大量的切削液。磨削时加注切削液，除了冷却和润滑作用之外，还可以起到冲洗砂轮的作用。切削液将细碎的切屑以及碎裂或脱落的磨粒冲走，避免堵塞砂轮，可有效提高工件的表面质量和砂轮的耐用度。

磨削钢件时，广泛应用的切削液是苏打水或乳化液。磨削铸铁、青铜等脆硬材料时，一般不加切削液，而用吸尘器清除尘屑。

（5）可以加工用其他刀具无法加工的硬材料：砂轮上的磨粒硬度很高（如刚玉类磨料的显微硬度在 2 000 HV 以上，绿碳化硅的显微硬度为 3 280～3 400 HV），故磨削可以加工一般切削刀具很难加工甚至无法加工的高硬度材料，如淬火钢、高硬度合金、陶瓷等。但对较软的有色金属，不宜采用磨削加工，因为砂轮易被软材料所堵塞。

四、磨削的应用

磨削可以加工外圆面、内孔、平面、成形面、螺纹和齿轮齿形等各种各样的表面，还常用于刃磨各种刀具。

1. 外圆磨削　外圆磨削是对工件圆柱、圆锥、台阶轴外表面和旋转体外曲面进行的磨削。磨削一般作为外圆车削后的精加工工序，尤其是能消除淬火等热处理后的氧化层和微小变形。

外圆磨削可以在外圆磨床和无心外圆磨床上进行。

（1）在外圆磨床上磨外圆：外圆磨床包括普通外圆磨床和万能外圆磨床两种。磨削时轴类工件常用顶尖装夹，其方法与车削时基本相同，但磨床所用顶尖都不随工件一起转动。盘套类工件则利用心轴和顶尖安装。磨削方法有纵磨、横磨、综合磨和深磨几种。

① 纵磨法（图 3-36a）：磨削时砂轮高速旋转为主运动，工件旋转为圆周进给运动，工件随磨床工作台的往复直线运动为纵向进给运动。每一次往复行程终了时，砂轮都做周期性的横向进给运动。

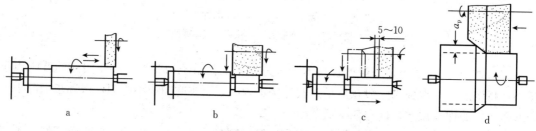

图 3-36　磨外圆
a. 纵磨法　b. 横磨法　c. 综合磨法　d. 深磨法

因为每次磨削量小，所以磨削力小，产生的热量少，散热条件较好。同时，还可以利用最后几次无横向进给的光磨行程进行精磨，因此加工精度和表面质量较高。此外，纵磨法具有较大的适应性，可以用一个砂轮加工不同长度的工件。但是，它的生产率较低，广泛用于单件、小批量生产及精磨，特别适用于细长轴的磨削。

② 横磨法（图 3-36b）：横磨法又称切入磨法，工件不做纵向往复运动，而由砂轮做低速连续的横向进给运动，直至磨去全部磨削余量。

横磨法生产率高，但由于砂轮与工件接触面积大，磨削力较大，发热量多，磨削温度高，工件易发生变形和烧伤。同时砂轮的修正精度以及磨钝情况，均直接影响到工件的尺寸精度和形位精度。因此横磨法适用于成批和大量生产、加工精度低、加工表面不太宽且刚性较好的零件。尤其是零件上的成形表面，只要将砂轮修整成形，就可直接磨出，较为简便。

③ 综合磨法（图3-36c）：先用横磨法将工件表面分段进行粗磨，每相邻两段间有5～10 mm的搭接，工件上留有0.01～0.03 mm的余量，然后用纵磨法进行精磨。此法综合了横磨法和纵磨法的优点。

④ 深磨法（图3-36d）：磨削时用较小的纵向进给量（一般取1～2 mm/r）、较大的背吃刀量（一般为0.1～0.35 mm），在一次行程中磨去全部余量，生产率较高。需要把砂轮前段修整成锥面进行粗磨，直径大的圆柱部分起精磨和修光作用，应修整得精细一些。深磨法只适用于大批量生产中加工刚性较大的零件，被加工表面两端应有较大的距离允许砂轮切入和切出。

（2）在无心外圆磨床上磨外圆：无心外圆磨削工作原理如图3-37所示。磨削时，工件不用顶尖支承，而是放在砂轮与导轮之间的托板上，故称为无心磨。

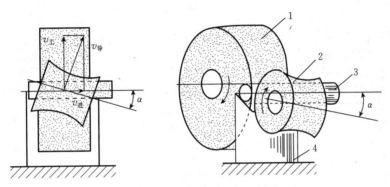

图3-37　无心外圆磨削示意图
1. 磨削轮　2. 导轮　3. 工件　4. 托板

磨削时，导轮轴线相对于砂轮轴线倾斜一定的角度α（1°～5°），以比磨削轮低得多的速度转动，靠摩擦力带动工件旋转。导轮和工件接触处的线速度可分解为两个分速度，一个是沿工件圆周切线方向的$v_\text{工}$，一个是沿工件轴线方向的$v_\text{进}$，因此工件一方面旋转做圆周进给运动，另一方面做轴向进给运动。为了使工件与导轮能保持线接触，应当将导轮修整成双曲面形。

无心外圆磨削时，工件两端不需预先打中心孔，安装也较方便，并且机床调整好之后，可连续进行加工，易于实现自动化，生产率较高。工件被夹持在磨轮和导轮之间，不会因背向磨削力而被顶弯，有利于保证工件的直线度，尤其是对于细长轴零件的磨削，优势更为突出。但是，无心外圆磨削要求工件的外圆面在圆周上必须是连续的，如果圆柱表面上有较长的键槽或平面等，那么导轮将无法带动工件连续旋转，故不能磨削。又因为工件被托在托板上，依靠本身的外圆面定位，若磨削带孔的工件，则不能保证外圆面与孔的同轴度。另外，无心外圆磨床的调整比较复杂。因此，无心外圆磨削主要适用于大批量生产销轴类零件，特别适合用于磨削细长的光轴。

2. 内孔磨削　内孔磨削可以在内圆磨床上进行，也可以在万能外圆磨床上进行。

磨孔的砂轮直径较小（为孔径的0.5～0.9倍），即使转速很高，其线速度（>30 m/s）也很难达到正常的磨削速度；砂轮轴刚度差，不宜采用较大的进给量；再加上切削液不易注入磨削区，工件易发热变形，因此磨孔的质量和生产率均不如外圆磨削。

与外圆磨削类似，内孔磨削也可以分为纵磨法和横磨法。鉴于磨内孔时受孔径限制，砂轮轴比较细，刚性较差，多数情况下内孔磨削采用纵磨法。横磨法仅适用于磨削短孔及内成形面。

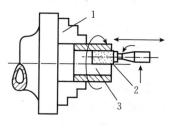

图 3 - 38　纵磨圆柱孔

1. 三爪卡盘　2. 砂轮　3. 工件

纵磨圆柱孔时，工件安装在卡盘上（图 3 - 38），在其旋转的同时沿轴向做往复直线运动（即纵向进给运动）。装在砂轮架上的砂轮高速旋转做主运动，并在工件往复行程终了时做周期性的横向进给运动。若磨圆锥孔，则只需将磨床的头架在水平方向偏转一个斜角即可。在内圆磨床上可磨通孔、磨不通孔及同时磨内孔与端面（图 3 - 39）。

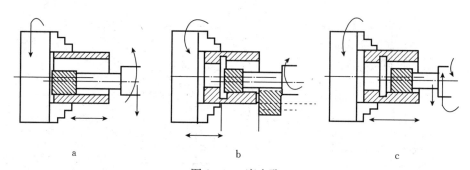

图 3 - 39　磨内孔

a. 磨通孔　b. 磨内孔与端面　c. 磨不通孔

磨孔与磨外圆或拉孔比较，有如下特点：可磨削淬硬的工件孔，这是磨孔的最大优势；不仅能保证孔本身的尺寸精度和表面质量，还可以提高孔的位置精度和轴线的直线度；用同一个砂轮可以磨削不同直径的孔，灵活性较大；生产率比铰孔低，比拉孔更低。

磨孔与磨外圆比较，有如下特点：

（1）表面粗糙度较大：由于磨孔时砂轮直径受工件孔径的限制一般较小，磨头转速又不可能太高（一般低于 20 000 r/min），磨削时砂轮线速度较磨外圆时低。加上砂轮与工件接触面积较大，切削液不易进入磨削区，磨孔的表面粗糙度 Ra 值较磨外圆时大。

（2）生产率较低：磨孔时，砂轮轴悬长且细，刚度很差，不宜采用较大的背吃刀量和进给量，故生产率较低。此外，由于砂轮直径小，为维持一定的磨削速度，转速要高，增加了单位时间内的切削次数，磨损快；磨削力小，降低了砂轮的自锐性，且易堵塞。因此，需要经常修整砂轮和更换砂轮，增加了辅助时间，使磨孔生产率进一步降低。

3. 平面磨削　高精度平面及淬火零件的平面加工，大多数采用平面磨削方法。平面磨削主要在平面磨床上进行。按主轴布局及工作台形状的组合，普通平面磨床可分为四类，如图 3 - 40 所示。

与平面铣削类似，平面磨削可以分为周磨和端磨两种方式。

（1）周磨（图 3 - 40a、图 3 - 40b）：周磨是在卧轴平面磨床上利用砂轮的圆周面进行磨削。周磨时，砂轮与工件的接触面积小，磨削热少，排屑和冷却条件好，工件不易变形，砂轮磨损均匀，因此可获得较高的精度和较小的表面粗糙度 Ra 值，适用于批量生产中磨削精度较高的中小型零件，但生产率较低。

（2）端磨（图 3-40c、图 3-40d）：端磨是在立轴平面磨床上利用砂轮的端面进行磨削。端磨时，砂轮轴悬伸长度短，刚性好，可采用较大的磨削用量，生产率较高。但砂轮与工件接触面积大，发热量多，冷却与散热条件差，工件热变形大，易烧伤，砂轮端面各点圆周速度不同，砂轮磨损不均，磨削质量较低，一般用于精度要求不高的平面，或代替铣削、刨削作为精加工前的预加工。

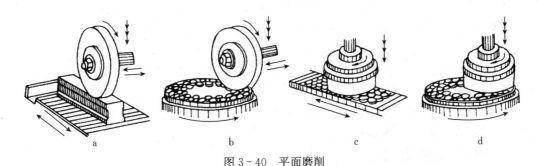

图 3-40　平面磨削

a. 卧轴矩台平面磨床　b. 卧轴圆台平面磨床　c. 立轴矩台平面磨床　d. 立轴圆台平面磨床

磨削铁磁性零件（钢、铸铁等）时，多利用电磁吸盘将零件吸住，装卸很方便。磨削铜、铝等非磁性材料，可用精密虎钳装夹，然后用电磁吸盘吸牢，或采用真空吸盘进行装夹。对于某些不允许带有磁性的零件，磨完平面后应进行退磁处理。因此，平面磨床附有退磁器，可以方便地将零件的磁性退掉。

第八节　典型表面加工方法选择

机器零件是由各种典型表面组成的，主要有外圆面、内孔面、平面和成形面。不同的表面具有不同的切削加工方法。对于同一种加工表面，由于精度和表面质量的要求不同，要经过由粗到精的不同的加工阶段，而在不同的加工阶段可以采用不同的加工方法。

一、外圆面的加工

外圆面是构成轴、套、盘等类零件的主要表面，在机械加工中占有很大的比例。不同零件上的外圆面或同一零件上不同的外圆面，往往具有不同的技术要求。为满足不同外圆面的技术要求，需要采用不同的加工方法。

对于钢铁零件，外圆面加工的主要方法是车削和磨削。要求精度高、表面粗糙度小时，还要进行研磨、超级光磨等加工。对于某些精度要求不高、仅要求光亮的表面，可以通过抛光来获得，但在抛光前要达到较小的表面粗糙度。对于塑性、韧性较大的有色金属（如铜、铝合金等）零件，由于其精加工不宜用磨削，常采用精细车削。

1. 外圆面的主要技术要求

（1）尺寸精度：外圆面的直径和长度的尺寸公差等级。

（2）形位精度：外圆面的圆度、圆柱度等形状精度；外圆面与其他外圆面或孔的同轴度，外圆面与端面的垂直度等位置精度。

（3）表面质量：主要指的是表面粗糙度。对于某些重要零件，还对表层硬度、残余应力和显微组织等有要求。

2. 外圆表面的车削加工

（1）粗车：车削加工是外圆粗加工最经济有效的方法，能迅速地从毛坯上切除多余的金属，从而提高生产率。粗车能达到的加工精度为IT12～IT11，表面粗糙度Ra值为50～12.5 μm。

（2）半精车：对于中等精度和表面粗糙度要求的未淬硬工件的外圆面，为了保证精加工时有稳定的加工余量，以达到最终产品的统一性，会安排半精加工。能达到的加工精度为IT10～IT9，表面粗糙度Ra值为6.3～3.2 μm。

（3）精车：主要保证零件的加工精度和表面质量，能达到的加工精度为IT8～IT6，表面粗糙度Ra值为1.6～0.8 μm。

3. 外圆表面的磨削加工

（1）工件有中心支承的外圆磨削：有纵向进给磨削、横向进给磨削。

（2）工件无中心支承的外圆磨削：生产率高，易于实现自动化，但不能加工有长键槽和平面的圆柱表面，也不能加工同轴度要求较高的阶梯轴外圆表面。

外圆面磨削包括粗磨、精磨。磨削加工更适用于精加工，也可用砂轮磨削带有不均匀铸、锻硬皮的工件；但它不适合加工塑性较大的有色金属材料（如铜、铝及其合金），因为这类材料在磨削过程中容易堵塞砂轮，使其失去切削作用。磨削加工既广泛用于单件、小批量生产，也广泛用于大批量生产。

常用的外圆面加工方法及其经济加工精度和表面粗糙度见表3-6。

表3-6 外圆面的加工方案

序号	加工方法	经济加工精度	表面粗糙度 $Ra/\mu m$	适用范围
1	粗车	IT11 以下	50～12.5	用于淬火钢以外的各种金属
2	粗车-半精车	IT10～IT9	6.3～3.2	
3	粗车-半精车-精车	IT8～IT7	1.6～0.8	
4	粗车-半精车-精车-滚压（或抛光）	IT7～IT5	0.2～0.025	
5	粗车-半精车-粗磨	IT8～IT7	1.6～0.8	主要用于淬火钢，也可用于未淬火钢，不宜加工有色金属
6	粗车-半精车-粗磨-精磨	IT7～IT5	0.4～0.1	
7	粗车-半精车-粗磨-精磨-超精加工（或轮式超精磨）	IT5	0.2～0.012	
8	粗车-半精车-精车-金刚车	IT7～IT5	0.4～0.025	主要用于精度和表面粗糙度要求较高的有色金属
9	粗车-半精车-粗磨-精磨-超精磨	IT5 以上	0.025～0.006	用于极高精度的外圆面
10	粗车-半精车-粗磨-精磨-研磨	IT5 以上	0.1～0.006	

二、孔的加工

孔是组成零件的基本表面之一，零件上有多种多样的孔。与外圆面相比，孔加工的条件要差得多，加工孔要比加工外圆困难得多。

1. 孔加工困难的原因

（1）刀具的尺寸受到被加工孔的尺寸限制，故刀具的刚性差，不能采用大的切削用量。

（2）刀具处于被加工孔的包围中，散热条件差，切屑排出困难，切削液不易进入切削区，切屑易划伤加工表面。

所以，在加工精度和表面粗糙度要求相同的情况下，加工孔比加工外圆面困难，生产率低，成本高。

2. 孔的主要技术要求

（1）尺寸精度：孔的直径和长度的尺寸公差等级。

（2）形位精度：孔的圆度、圆柱度及轴线的直线度等形状精度；孔与孔或孔与外圆面的同轴度，孔与孔或孔与其他表面之间的平行度、垂直度等位置精度。

（3）表面质量：表面粗糙度和表层物理力学性能要求等。

为满足不同孔的技术要求，需要采用不同的加工方法。

孔的加工可以在车床、钻床、镗床、拉床或磨床上进行，大孔和孔系则常在镗床上加工。若在实体材料上加工孔（多属中小尺寸的孔），必须先采用钻孔。若是对已经铸出或锻出的孔（多为大中型孔）进行加工，则可采用扩孔或镗孔。对于孔的精加工，铰孔和拉孔适用于加工未淬硬的中小直径的孔；中等直径以上的孔，可以采用精镗或精磨；淬硬的孔采用磨削或陶瓷、立方氮化硼刀具车削。

在孔的精整加工方法中，珩磨多用于直径稍大的孔，研磨则对大孔和小孔都适用。

常用的孔加工方法及其经济加工精度和表面粗糙度见表 3-7。

表 3-7　孔的加工方案

序号	加工方法	经济加工精度	表面粗糙度 $Ra/\mu m$	适用范围
1	钻	IT12～IT11	50～12.5	加工未淬火钢及铸铁的实心毛坯，也可加工有色金属，孔径小于 20 mm
2	钻-铰	IT8～IT7	3.2～1.6	
3	钻-粗铰-精铰	IT8～IT7	1.6～0.8	
4	钻-扩	IT10～IT9	12.5～6.3	加工未淬火钢及铸铁的实心毛坯，也可加工有色金属，孔径大于 20 mm
5	钻-扩-铰	IT8～IT7	3.2～1.6	
6	钻-扩-粗铰-精铰	IT8～IT6	1.6～0.8	
7	钻-扩-机铰-手铰	IT7～IT6	0.8～0.4	
8	钻-拉	IT8～IT7	1.6～0.8	大批、大量生产
9	粗镗（或扩孔）	IT10～IT9	12.5～6.3	除淬火钢外的各种钢和有色金属，毛坯的铸造孔或锻造孔
10	粗镗（或粗扩）-半精镗（或精扩）	IT9～IT8	3.2～1.6	
11	粗镗（或粗扩）-半精镗（或精扩）-精镗（或精铰）	IT8～IT7	1.6～0.8	
12	粗镗（或粗扩）-半精镗（或精扩）-精镗-浮动镗刀精镗	IT8～IT6	0.8～0.4	

（续）

序号	加工方法	经济加工精度	表面粗糙度 $Ra/\mu m$	适用范围
13	粗镗（或扩）-半精镗-磨孔	IT8～IT7	0.8～0.4	主要用于淬火钢，未淬火
14	粗镗（或扩）-半精镗-粗磨-精磨	IT7～IT6	0.2～0.1	钢，但不宜用于有色金属
15	粗镗-半精镗-精镗-金刚镗	IT7～IT6	0.4～0.2	主要用于精度要求高的有色金属加工
16	钻（或扩）-粗铰-精铰-珩磨 钻（或扩）-拉-珩磨 粗镗-半精镗-精镗-珩磨	IT7～IT5	0.2～0.025	精度要求很高的孔加工
17	以研磨代替上述方法（序号16）中的珩磨	IT6～IT5	0.1～0.006	

三、平面的加工

平面是盘形和板形零件的主要表面，也是箱体和支架零件的主要表面之一。平面的主要技术要求如下：

（1）尺寸精度：平面的平面度和直线度等。

（2）形位精度：平面之间的尺寸精度，以及平行度、垂直度等位置精度。

（3）表面质量：表面粗糙度、表层硬度、残余应力和显微组织等。

根据平面的技术要求以及零件的结构形状、尺寸、材料和毛坯种类，结合具体的加工条件（如现有设备等），平面可分别采用车、铣、刨、磨、拉等方法加工。铣平面和刨平面是平面加工的两个基本方式，其中铣平面是平面加工应用最广泛的方法。要求更高的精密平面，可以用刮研、研磨等进行精整加工。回转体零件的端面，多采用车削和磨削加工；其他类型的平面，以铣削或刨削为主要加工方法。拉削仅适用于在大批量生产中加工技术要求较高且面积不太大的平面，淬硬的平面则必须用磨削加工。

常用的平面加工方法及其经济加工精度和表面粗糙度见表3-8。

表 3-8 平面的加工方案

序号	加工方法	经济加工精度	表面粗糙度 $Ra/\mu m$	适用范围
1	粗车-半精车	IT10～IT9	6.3～3.2	
2	粗车-半精车-精车	IT8～IT7	1.6～0.8	端面
3	粗车-半精车-磨削	IT8～IT6	0.8～0.2	
4	粗铣（或粗刨）-精铣（或精刨）	IT10～IT8	6.3～1.6	不淬硬平面
5	粗铣（或粗刨）-精铣（或精刨）-刮研	IT7～IT6	0.8～0.1	精度要求较高的不淬硬
6	粗铣（或粗刨）-精铣（或精刨）-宽刃精刨	IT8～IT7	0.8～0.2	平面
7	粗铣（或粗刨）-精铣（或精刨）-磨削	IT8～IT7	0.8～0.2	精度要求较高的淬硬平
8	粗铣（或粗刨）-精铣（或精刨）-粗磨-精磨	IT7～IT5	0.4～0.2	面或不淬硬平面
9	粗刨-拉	IT8～IT7	1.6～0.4	大批量生产较小的平面
10	粗铣-精铣-磨削-研磨	IT5 以上	0.1～0.006	高精度平面

四、螺纹的加工

1. 螺纹的技术要求　在机器和仪器制造中，常用的螺纹按用途主要可分为紧固螺纹、传动螺纹和专用螺纹等。根据螺纹的不同用途，对螺纹的技术要求如下：

（1）螺纹精度：普通螺纹精度分为精密、中等和粗糙三级。精密级用于要求配合性质稳定，且保证较高定位精度的螺纹结合；中等级用于一般的螺纹结合；粗糙级则用于不重要的螺纹结合或加工较困难的螺纹。

（2）旋合长度：螺纹的旋合性受螺纹的半角误差和螺距误差的影响。短旋合长度的螺纹旋合性比长旋合长度的螺纹旋合性好，加工时容易保证精度。螺纹的旋合长度分为 S、N、L 三种。

（3）形位公差：对于普通螺纹一般不规定形位公差，仅对高精度螺纹在旋合长度内的圆柱度、同轴度和垂直度等规定形位公差。公差值一般不大于中径公差的 50%，并遵守包容原则。

（4）尺寸精度：螺纹的基本偏差根据螺纹结合的配合性质和作用要求来确定。内螺纹的基本偏差优先选用 H，为保证螺纹结合的定心精度及结合强度，可选用最小间隙为零的配合（H/h）。

2. 螺纹的加工方法　在工件上加工出内、外螺纹的方法，主要有切削加工和滚压加工两类。

（1）车螺纹：在普通车床上用螺纹车刀车削螺纹是常用的螺纹加工方法。它用来加工三角螺纹、矩形螺纹、梯形螺纹、管螺纹、蜗杆等各种牙型、尺寸和精度的内、外螺纹，尤其是导程和尺寸较大的螺纹，其加工精度可达 IT9～IT4，表面粗糙度 Ra 值可达 3.2～0.8 μm。车螺纹时零件与螺纹车刀的相对运动必须保持严格的传动比关系，即零件每转一周，车刀必须沿着零件轴向移动一个导程。车螺纹的生产率较低，加工质量取决于工人技术水平及机床和刀具的精度。但因车螺纹刀具简单，机床调整方便，通用性广，在单件、小批量生产中得到很广泛的应用。

（2）套螺纹与攻螺纹：用板牙在圆柱面上加工出外螺纹的方法称为套螺纹。套螺纹时，受板牙结构尺寸的限制，螺纹直径一般为 1～52 mm。套螺纹又分为手工与机动两种。手工套螺纹可以在机床或钳工工作台上完成，而机动套螺纹需要在车床或钻床上完成。

用丝锥在零件内孔表面上加工出内螺纹的方法称为攻螺纹。对于小尺寸的内螺纹，攻螺纹几乎是唯一的加工方法。单件、小批量生产时，由操作者用丝锥攻螺纹；当零件批较大时，可在车床、钻床或攻丝机上用丝锥攻螺纹。

攻、套螺纹的加工精度较低，主要用于精度要求不高的普通连接螺纹。攻螺纹与套螺纹因加工螺纹操作简单，生产效率高，成品的互换性也较好，在小尺寸螺纹表面加工中得到广泛应用。

（3）铣螺纹：铣螺纹是在螺纹铣床上用螺纹铣刀加工螺纹的方法。图 3 - 41 所示为盘形铣刀铣螺纹（加工时铣刀轴线必须相对于工件轴线转动一个螺旋升角 λ），图 3 - 42 所示为梳形铣刀铣螺纹，其原理与车螺纹基本相同。由于铣刀齿多，转速高，切削用量大，故比车螺纹生产率高。但铣螺纹是断续切削，振动大，不平稳，铣出螺纹表面较粗糙。因此铣螺纹多用于大批量生产且加工精度不太高的螺纹表面。由于铣刀的廓形设计是近似的，加工精度不高，常用于加工大螺距螺纹和梯形螺纹以及蜗杆的粗加工。

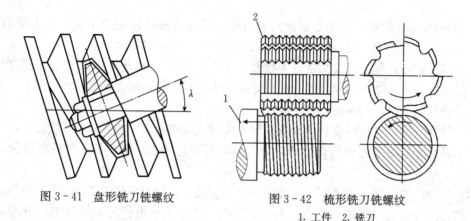

图 3-41　盘形铣刀铣螺纹　　　　图 3-42　梳形铣刀铣螺纹

1. 工件　2. 铣刀

（4）磨螺纹：磨螺纹是精加工螺纹的一种方法，是用廓形经修整的砂轮在螺纹磨床上进行的。其加工精度可达 IT4～IT3，表面粗糙度 Ra 值＜0.8 μm。

根据采用的砂轮外形不同，外螺纹的磨削分为单线砂轮磨削（图 3-43）和多线砂轮磨削（图 3-44）。最常见的是单线砂轮磨削。

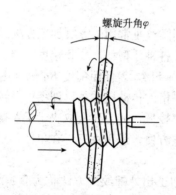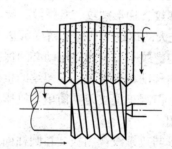

图 3-43　单线砂轮磨削螺纹　　　　图 3-44　多线砂轮磨削螺纹

因为螺纹磨床是结构复杂的精密机床，加工精度高、效率低、费用大，所以磨螺纹一般只用于表面要求淬硬的精密螺纹（如精密丝杠、螺纹量块、丝锥等）的精加工。

（5）滚螺纹和搓螺纹：滚螺纹和搓螺纹是一种无屑加工，它是按滚压法来加工螺纹的。用一副滚丝轮在滚丝机上滚轧出零件的螺纹表面称为滚螺纹。径向滚螺纹如图 3-45 所示。用一对搓丝板在搓丝机上轧制出零件的螺纹称为搓螺纹。搓螺纹如图 3-46 所示。滚螺纹或搓螺纹时，零件表层金属在滚丝轮或搓丝板的挤压力作用下，产生塑性变形而形成螺纹，生产率高；加工螺纹精度高，滚螺纹可达 IT4，搓螺纹可达 IT5，螺纹的表面粗糙度 Ra 值可达1.6～0.4 μm；滚或搓出螺纹的零件金属纤维组织连续，故强度高、耐用；滚或搓螺纹的设备简单，材料利用率高。但滚螺纹和搓螺纹只适用于加工塑性好、直径和螺距都较小的外螺纹。

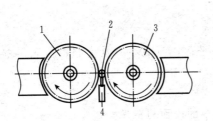

图 3-45 径向滚螺纹

1. 固定滚丝轮 2. 工件 3. 径向进给滚丝轮 4. 支承

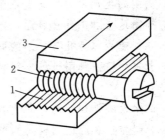

图 3-46 搓螺纹

1. 静板 2. 工件 3. 动板

常用的螺纹加工方法及其经济加工精度和表面粗糙度见表 3-9。

表 3-9 螺纹的加工方案

序号	加工方法	经济加工精度	表面粗糙度 $Ra/\mu m$	适用范围
1	车螺纹	IT9～IT4	3.2～0.8	多用于轴、盘、套类零件
2	铣螺纹	IT9～IT8	6.3～3.2	多用于大直径的梯形螺纹和模数螺纹
3	车螺纹-磨螺纹	IT4～IT3	0.8～0.2	单件、小批量生产高精度内、外螺纹
4	铣螺纹-磨螺纹-研磨螺纹	IT3 或更高	0.1～0.05	大批、大量生产高精度内、外螺纹
5	攻螺纹	IT8～IT6	6.3～1.6	用于加工直径较小的内螺纹,各种类型零件的螺孔
6	套螺纹	IT8～IT6	3.2～1.6	用于加工直径较小的外螺纹
7	滚螺纹	IT6～IT4	0.8～0.2	用于大批量生产螺钉、螺栓等标准件的外螺纹。螺纹直径为 0.3～120 mm
8	搓螺纹	IT7～IT5	1.6～0.8	用于大批、大量生产加工螺钉、螺栓等标准件上的外螺纹。螺纹直径小于 25 mm

复习思考题

1. 加工精度要求较高、表面粗糙度值小的紫铜或铝合金零件的外圆时,应选用哪种加工方法?

2. 车削的切削过程为什么比铣削和刨削平稳?对加工有何影响?

3. 车削适合加工哪些表面?为什么?

4. 卧式车床、立式车床、转塔车床和自动车床各适用于什么场合?适合加工何种零件?

5. 为什么用标准麻花钻钻孔的精度低且表面粗糙度大?

6. 何谓钻孔时的"引偏"?如何减小引偏?

7. 什么是钻削加工?举出几个常用的钻削加工方法。

8. 扩孔和铰孔为什么能达到较高的精度和较小的表面粗糙度?

9. 镗床镗孔和车床镗孔有何区别?各适用于什么场合?

10. 为什么镗孔能纠正孔的轴线偏斜,而铰孔却不能?

11. 刨削的生产率为什么比铣削低？

12. 插削适合加工什么表面？

13. 拉削能否保持孔与外圆的同轴度要求？

14. 若用周铣法铣削带黑皮铸件或锻件平面，为减小刀具磨损，应采用顺铣还是逆铣？为什么？

15. 试比较顺铣和逆铣，阐述各自的特点？

16. 磨削为什么能达到较高的精度和较小的表面粗糙度？

17. 磨孔和磨平面时，由于背向力的作用，可能产生什么样的误差？为什么？

18. 为什么内孔磨削的精度和生产率低于外圆磨削，表面粗糙度 Ra 值也略大于外圆磨削？

19. 用无心磨磨削带孔零件的外圆面，为什么不能保证它们之间的同轴度要求？

20. 磨平面常用哪几种方式？

21. 下列零件用何种加工方法比较合理？

(1) 紫铜小轴，ϕ20h7，Ra 值为 0.8 μm。

(2) 45 钢轴，ϕ50h6，Ra 值为 0.2 μm，表面淬火 40～50 HRC。

(3) 单件、小批量生产中，铸铁齿轮的孔，ϕ20h7，Ra 值为 1.6 μm。

(4) 大批量生产中，铸铁齿轮的孔，ϕ50h7，Ra 值为 0.8 μm。

(5) 高速钢三面刃铣刀的孔，ϕ27h6，Ra 值为 0.2 μm。

(6) 变速箱箱体（材料为铸铁）上传动轴的轴承孔，ϕ62J7，Ra 值为 0.8 μm。

(7) 单件、小批量生产中，基座（铸铁）的底面，$L \times B = 500\ mm \times 300\ mm$，$Ra$ 值为 3.2 μm。

(8) 成批大量生产中，铣床工作台（铸铁）台面，$L \times B = 1\ 250\ mm \times 300\ mm$，$Ra$ 值为 1.6 μm。

(9) 大批量生产中，发动机连杆（45 钢调质，217～255 HBS）侧面，$L \times B = 25\ mm \times 10\ mm$，$Ra$ 值为 3.2 μm。

22. 简述加工螺纹的主要方法。每种加工方法的经济加工精度和表面粗糙度 Ra 值各是多少？

第四章

齿轮齿形加工

　　齿轮是机械传动系统中传递运动和动力的重要零件。齿轮结构形式多样，应用广泛。常见齿轮传动类型如图 4-1 所示。其中，直齿轮传动、斜齿轮传动和人字齿轮传动用于平行轴之间；螺旋齿轮传动和蜗轮蜗杆传动常用于交错轴之间；内啮合齿轮传动可实现平行轴之间的同向转动；齿轮齿条传动可实现旋转运动和直线移动的转换；锥齿轮传动用于相交轴间的传动。在这些齿轮传动中，直齿圆柱齿轮传动是最基本的，应用也最为广泛。

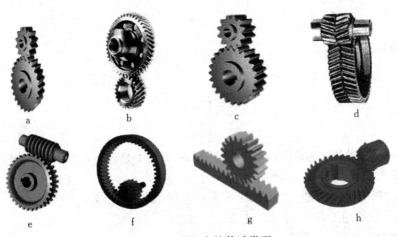

图 4-1　常见齿轮传动类型

a. 直齿圆柱齿轮传动　b. 斜齿圆柱齿轮传动　c. 人字齿圆柱齿轮传动　d. 螺旋齿轮传动

e. 蜗轮蜗杆传动　f. 内啮合齿轮传动　g. 齿轮齿条传动　h. 锥齿轮传动

　　为了保证齿轮传动的运转精确，工作平稳可靠，必须选择合适的齿形轮廓曲线。齿轮齿形轮廓曲线有渐开线、摆线和圆弧线等，其中渐开线用得最多。

　　若一动直线在平面内沿半径为 r_b 的圆做无滑动的纯滚动时，则动直线上任一点 a 的轨迹称为半径为 r_b 圆的渐开线，如图 4-2 所示。半径为 r_b 的圆称为基圆，动直线称为发生线。渐开线齿轮的一个轮齿就是由同一基圆形成的两条相反渐开线所组成，如图 4-3 所示。

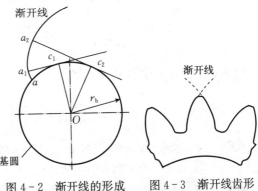

图 4-2　渐开线的形成　　图 4-3　渐开线齿形

第一节 渐开线齿轮概述

一、渐开线齿轮的模数与压力角

1. 模数 m 如图 4-4 所示,在标准渐开线齿轮中,齿厚 s 与齿间距 e 相等的圆称为分度圆,其直径以 d 表示。在分度圆上相邻两齿对应点之间的弧长称为分度圆周节,以 p 表示。

当齿轮的齿数为 z 时,分度圆直径 d 和周节 p 有如下关系:

$$\pi d = pz$$

或

$$d = \frac{p}{\pi} z$$

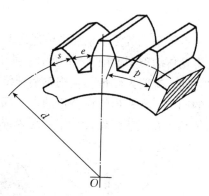

图 4-4 直齿圆柱齿轮

由于式中含有无理数 π,为了在计算中使齿轮各部分尺寸为整数或简单小数,令

$$\frac{p}{\pi} = m$$

则

$$d = mz$$

式中的 m 称为模数,单位为 mm。模数 m 在设计中是齿轮尺寸计算和强度计算的一个基本参数,在制造中是选择刀具的基本依据之一。

模数 m 的数值已标准化,见 GB/T 1357—2008《通用机械和重型机械用圆柱齿轮 模数》。一般机械中常用的有 1、1.25、1.5、2、2.5、3、4 等。

2. 压力角 α 如图 4-5 所示,渐开线齿形上任意一点 K 的法向力 N_K 和速度 v_K 之间的夹角称为 K 点的压力角 α_K。

由图 4-5 可知 $\quad N_K \perp \overline{OC} \quad v_K \perp \overline{OK}$

则

$$\alpha_K = \angle KOC$$

$$\cos \alpha_K = \frac{r_b}{r_K}$$

同理,齿形在分度圆上 A 点的压力角 $\alpha = \angle AOB$,则

$$\cos \alpha = \frac{r_b}{r}$$

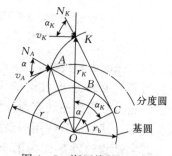

图 4-5 渐开线的压力角

式中 $\quad r_K$、r——渐开线上 K 点及 A 点的向径;

$\quad\quad r_b$——渐开线的基圆半径。

由上可知,渐开线上各点的压力角不等。基圆上的压力角为零,齿顶圆上的压力角最大。分度圆上 A 点的压力角为刀具齿形角,称为标准压力角,常取 $\alpha = 20°$。

渐开线齿轮正确啮合的基本条件是两齿轮的模数 m 和压力角 α 分别相等。在加工齿形时，刀具的模数 m 和压力角 α 必须与被加工齿轮一致。

二、圆柱齿轮精度

1. 齿轮传动的精度要求 齿轮的制造与安装精度，对整个机器的工作性能、使用寿命和承载能力都有重要影响。国家标准对渐开线圆柱齿轮精度提出三方面的要求。

（1）传递运动的准确性：按照渐开线啮合原理，一对啮合齿轮的传动比应该是恒定的，但是由于在加工过程中存在几何偏心、运动偏心、基节偏差和齿形误差，两齿轮的传动比会发生变化，出现转角误差。传递运动的准确性是用齿轮在一转范围内的最大转角误差来评定。标准中用第 I 公差组进行检验。

（2）传动的平稳性：一对啮合齿轮在传动时要求瞬时传动比变化不能太大，以免引起冲击，产生振动和噪声。影响传动平稳性的主要因素是齿形误差和基节偏差。标准中用第 II 公差组进行检验。

（3）载荷分布的均匀性：齿轮在啮合时要求齿面接触均匀，以免引起受力集中，造成局部磨损甚至断齿。载荷分布均匀性的主要影响因素是齿向误差、齿形误差及基节偏差。标准中用第 III 公差组进行检验。

2. 齿轮的精度等级 GB/T 10095.1—2008 对齿轮和齿轮副规定了 13 个精度等级，分别用阿拉伯数字 0，1，2，…，12 表示，其中 0 级精度最高，其余各级精度依次递减，12 级精度最低。齿轮副中两个齿轮的精度等级一般取相同等级，也允许取不同等级，此时应按其中精度较低者确定齿轮副的精度等级。

13 个精度等级中，0、1、2 级精度的加工工艺水平和测量手段尚难达到，有待发展。5～3 级为高精度等级，8～6 级为中等精度等级，12～9 级为低精度等级。其中 6 级是基础级，也是设计中常用的等级，是滚齿、插齿等一般常用加工方法在正常条件下所能达到的最高等级，可用一般计量器具进行测量。

齿轮加工时所要控制的误差与该齿轮要求的精度等级是对应的。标准中对每一精度等级都规定了相应的各项检验指标的公差值。

齿轮精度等级的选用通常采用类比法，表 4-1 可供具体选用时参考。

表 4-1 齿轮精度等级的选用

应用场合	精度等级	应用场合	精度等级	应用场合	精度等级
测量齿轮	5～3	轻型汽车	8～5	轧钢机	10～6
金属切削机床	8～3	载货汽车	9～6	起重机	10～7
航空发动机	7～4	一般减速器	8～6	矿山绞车	10～8
内燃机	7～6	拖拉机	9～6	农用机械	11～8

3. 齿轮副侧隙的规定 一对齿轮啮合时，非工作齿面的齿侧应有一定间隙，称为齿侧间隙，简称侧隙。它既能防止因齿轮和箱体的制造、安装误差以及传动时温升变形而使齿轮卡住，又能贮存一定的润滑油，使工作齿面形成油膜润滑，从而减少摩擦。侧隙是通过控制

齿轮的齿厚得到的。侧隙的大小与齿轮精度等级无关。它是根据工作条件,用齿厚的极限偏差加以控制的。

第二节 铣 齿

按加工原理,齿形切削加工可分为成形法和展成法(又称范成法或包络法)两类。成形法是用与被切齿轮的齿槽法向截面形状相符的成形刀具切出齿形的方法,如铣齿和成形法磨齿。展成法是利用齿轮刀具与被切齿轮的啮合运动,在专用齿轮加工机床上切出齿形的方法,如插齿和滚齿。下面阐述铣齿。

如图 4-6 所示,铣削时齿轮坯紧固在心轴上并将心轴安装在分度头和尾架顶尖之间,铣刀旋转,工件随工作台做纵向进给运动。每铣完一个齿槽,纵向退刀进行分度,再铣下一个齿槽。

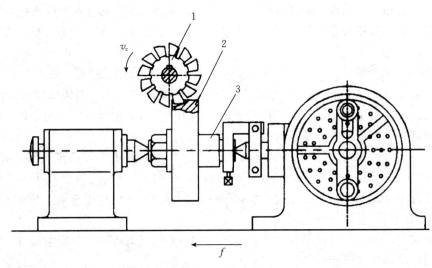

图 4-6 铣 齿
1. 齿轮铣刀 2. 齿轮坯 3. 心轴

模数 $m \leqslant 20$ 的齿轮,一般用盘状齿轮铣刀在卧式铣床上加工;模数 $m > 20$ 的齿轮,用指状齿轮铣刀在专用铣床或立式铣床上加工(图 4-7)。

选用的齿轮铣刀,除了模数 m 和压力角 α 应与被切齿轮的模数 m 和压力角 α 一致外,还需根据齿轮齿数 z 选择相应的刀号。

因为渐开线的形状与基圆直径大小有关:基圆直径越小,渐开线的曲率越大;基圆直径越大,渐开线的曲率越小。由于相同模数而齿

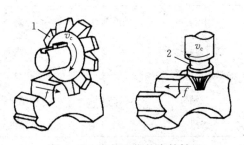

图 4-7 盘状和指状齿轮铣刀
1. 盘状齿轮铣刀 2. 指状齿轮铣刀

数不同的齿轮，其分度圆直径（$d=mz$）和基圆直径（$d_b=0.94mz$）均不相同，其齿形的渐开线形状也不相同。若为相同模数的每一种齿数的齿轮制备一种相应的齿轮铣刀，则既不经济也不便于管理。为此，同一模数的齿轮铣刀，一般只制作 8 种，分为 8 个刀号，分别用以铣削一定齿数范围的齿轮，如表 4-2 所示。为了保证铣削的齿轮在啮合运动中不致卡住，各号铣刀的齿形应按该号范围内最小齿数齿轮的齿槽轮廓制作，以便获得最大齿槽空间。为此，在各号铣刀的各自加工范围内，除最小齿数外，其他齿数的齿轮只能获得近似齿形。

表 4-2　齿轮铣刀的刀号及其加工的齿数范围

刀号	1	2	3	4	5	6	7	8
加工齿数范围	12～13	14～16	17～20	21～25	26～34	35～54	55～134	135 及以上齿条

铣齿加工具有如下特点：

（1）成本较低：铣齿是在通用铣床上进行，刀具也比其他齿轮刀具简单。

（2）生产率较低：铣刀每切一个齿间，都要重复消耗切入、切出、退刀以及分度等辅助时间。

（3）精度较低：铣切齿形的精度主要取决于铣刀的齿形精度，而一个刀号的铣刀要加工一定齿数范围内的齿轮，因此齿形误差较大。另外，铣床用的分度头是通用附件，分度精度较低，分齿误差较大。

鉴于上述特点，成形法铣齿一般用于单件、小批量生产和维修工作中。铣齿的精度为 9 级以下，齿面粗糙度 Ra 值为 $6.3～3.2\,\mu m$。

第三节　插齿和滚齿

插齿和滚齿都属于展成法加工。但是由于插齿和滚齿所用的刀具和机床不同，它们的加工原理、切削运动、工艺特点和应用范围也都不同。下面分别予以阐述。

一、插齿

1. 插齿机和插齿刀　插齿是用插齿刀在插齿机上加工齿轮的轮齿。插齿机主要由工作台、刀架、横梁和床身等部件组成，如图 4-8 所示。

插齿刀像一个直齿圆柱齿轮（图 4-9），只是齿顶呈圆锥形，以形成顶刃后角 α_o；一个端面呈凹锥形，以形成顶刃前角 γ_o；齿顶高比标准圆柱齿轮大 $0.25\,m$，以保证插削后的齿轮在啮合时有径向间隙。

2. 插齿原理和插齿运动　插齿加工相当于一对无啮合间隙的圆柱齿轮传动，如图 4-9 所示。插齿时插齿刀与齿轮坯之间严格按照一对齿轮的啮合传动比关系强制传动，即插齿刀转过一个齿，齿轮坯也转过相当一个齿的角度。与此同时，插齿刀做上下往复运动，以便进行切削。其刀齿侧面运动轨迹所形成的包络线，即被切齿轮的渐开线齿形，如图 4 - 10 所示。

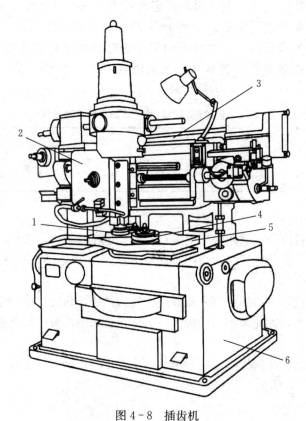

图 4-8　插齿机
1. 插齿刀　2. 刀架　3. 横梁　4. 齿轮坯　5. 工作台　6. 床身

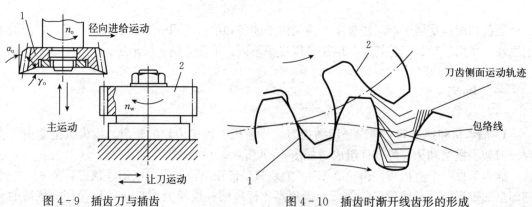

图 4-9　插齿刀与插齿
1. 插齿刀　2. 齿轮坯

图 4-10　插齿时渐开线齿形的形成
1. 齿轮坯　2. 插齿刀

插直齿圆柱齿轮时，需要四个运动：

（1）主运动：插齿刀的上下往复运动。向下是切削行程，向上是返回空行程。插齿速度用每分钟往复行程次数（str/min）表示。

（2）分齿运动：插齿刀和齿轮坯之间的啮合运动。它们之间必须保持严格的运动关系。即

$$\frac{n_\mathrm{o}}{n_\mathrm{w}}=\frac{z_\mathrm{w}}{z_\mathrm{o}}$$

式中　n_o、n_w——插齿刀、齿轮坯的转速；

　　　　z_o、z_w——插齿刀、齿轮坯的齿数。

在分齿运动中，插齿刀每往复行程一次，在其分度圆周上所转过的弧长称为圆周进给量（mm/str）。它决定每次行程的金属切除量和形成齿形包络线的切线数目，直接影响着齿面的表面粗糙度。

（3）径向进给运动：插齿时插齿刀不能一开始就切到轮齿的全齿深，以免金属切除量过大而损坏刀具，需要逐渐切入。在分齿运动的同时，插齿刀要沿工件的半径方向做进给运动。插齿刀每往复行程一次，径向移动的距离称为径向进给量。当进给到要求的深度时，径向进给停止。

（4）让刀运动：为了避免插齿刀在返回行程中擦伤已加工表面和加剧刀具的磨损，应使工作台沿径向让开一段距离，当切削行程开始时工作台又恢复原位，这种运动称为让刀运动。

二、滚齿

1. 滚齿机和齿轮滚刀　滚齿是用齿轮滚刀在滚齿机上加工齿轮的轮齿。滚齿机主要由工作台、刀架、支承架、立柱和床身等部件组成，如图 4 - 11 所示。

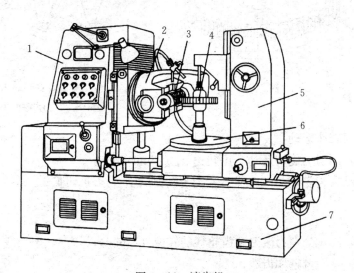

图 4 - 11　滚齿机
1. 立柱　2. 刀架　3. 滚刀　4. 齿轮坯　5. 支承架　6. 工作台　7. 床身

滚切齿轮所用的齿轮滚刀如图 4 - 12 所示。其刀齿分布在螺旋线上，法向剖面呈齿条齿形。当螺旋升角 ψ＞5°时沿螺旋线法向铣出若干沟槽；当螺旋升角 ψ≤5°时则沿轴向铣槽。

铣槽的目的是形成刀齿和容纳切屑。刀齿顶刃前角 γ_o 一般为 $0°$。刀齿的后刀面应当是铲背面，以形成一定的后角 α_o，保证在重磨前刀面后齿形不变。

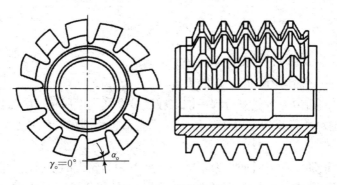

图 4-12　齿轮滚刀

2. 滚齿原理和滚齿运动　如图 4-13 所示，滚切齿轮可以看作无啮合间隙的齿轮与齿条传动。滚刀旋转一周，相当于齿条沿其轴线方向移动一个齿距，滚刀的连续传动就像一根长的齿条在连续移动。当齿轮坯与滚刀之间严格按照齿轮与齿条的传动比强制啮合传动时，滚刀刀齿在一系列位置上的包络线就形成了被切齿轮的渐开线齿形，如图 4-14 所示。随着滚刀的垂直进给，即可滚切出所需的渐开线齿廓。

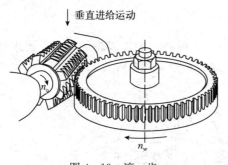

图 4-13　滚　齿

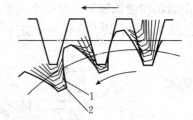

图 4-14　滚齿时渐开线齿形的形成
1. 包络线　2. 刀齿侧面运动轨迹

滚切齿轮需要三个运动：

(1) 主运动：滚刀的旋转运动。用转速 n_o（r/min）表示。

(2) 分齿运动：齿轮坯与滚刀保持一定传动比的啮合运动。即

$$\frac{n_o}{n_w} = \frac{z_w}{K}$$

式中　n_o、n_w——分别为滚刀和齿轮坯的转速（r/min）；

　　　　z_w——齿轮坯齿数；

　　　　K——滚刀螺旋线的线数。

(3) 垂直进给运动：为了在整个齿宽上切出齿形，滚刀需沿被切齿轮轴向向下移动。工作台每转一转，滚刀垂直向下移动的距离，称为垂直进给量（mm/r）。

滚齿的径向切深是通过手摇工作台控制的。模数小的齿轮可一次切至全齿深，模数大的

齿轮可分两次或三次切至全齿深。

三、插齿与滚齿的特点及应用

插齿与滚齿具有如下特点：

（1）加工原理相同：插齿与滚齿均属展成法。因此在选择刀具时，只要求刀具的模数和压力角与被切齿轮一致，与齿数无关（最少齿数 $z \geqslant 17$）。

（2）加工精度和齿面粗糙度基本相同：精度为 8～7 级，Ra 值为 $1.6~\mu m$。

（3）滚齿的生产效率高于插齿：滚齿为连续切削，而插齿有返回空行程，另外插齿刀的往复运动使切削速度的提高受到限制。

在齿轮齿形加工中滚齿应用最广。它既能加工直齿圆柱齿轮又能加工斜齿圆柱齿轮和蜗轮，但不能加工内啮合齿轮和相距很近的多联齿轮。插齿应用也比较多，除能加工直齿和斜齿圆柱齿轮外，还能加工内啮合齿轮、多联齿轮或带有台肩的齿轮，但不能加工蜗轮。

第四节　齿形精加工

7 级精度以上或经过淬火的齿轮，在插齿、滚齿加工之后，还需要进行精加工。齿轮精加工的方法主要有剃齿、珩齿和磨齿。

一、剃齿

剃齿是用剃齿刀在剃齿机上进行。主要用于加工插齿或滚齿后未经淬火（35 HRC 以下）的直齿和斜齿圆柱齿轮。剃齿精度可达 7～6 级，表面粗糙度 Ra 值可达 $0.8～0.4~\mu m$。

剃齿在加工原理上属于展成法。所用剃齿刀（图 4-15）的外形很像一个斜齿圆柱齿轮，齿形做得非常精确，并在齿面上开出许多小沟槽以形成切削刃。在与被加工齿轮啮合运转的过程中，剃齿刀齿面上众多的切削刃从轮齿齿面上剃下细丝状的切屑，从而提高了齿形精度，降低了齿面粗糙度。

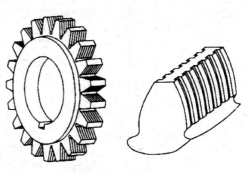

图 4-15　剃齿刀

加工直齿圆柱齿轮时，剃齿刀与被加工齿轮之间的位置及运动关系如图 4-16 所示。被加工齿轮由剃齿刀带动旋转，时而正转，时而反转，正转时剃轮齿的一个侧面，反转时则剃轮齿的另一个侧面。由于剃齿刀刀齿是倾斜的，其螺旋角为 β，要使它与被加工齿轮啮合，必须使其轴线偏斜 β 角。这样剃齿刀在 A 点的圆周速度 v_A 可以分解为两个分速度，即沿被加工齿轮圆周切线的分速度 v_{An} 和沿被加工齿轮轴线的分速度 v_{At}。v_{An} 使被加工齿轮旋转；

v_{At} 为齿面相对滑动速度，也就是剃齿时的切削速度。为了能沿轮齿齿宽进行剃削，被加工齿轮由工作台带动做往复直线运动。在工作台的每一往复行程终了时，剃齿刀相对于被加工齿轮做径向进给，以便逐渐切除金属余量，得到所需的齿厚。

剃齿主要是提高齿形精度和齿向精度，降低齿面粗糙度。剃齿加工时没有强制性的分齿运动，故不能修正被加工齿轮的分齿误差，因此剃齿前的齿轮多采用分齿精度较高的滚齿加工。剃齿的生产效率很高，多用于大批大量生产。

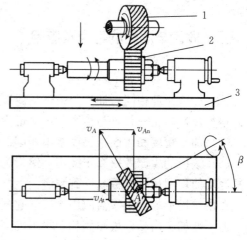

图 4-16 剃 齿
1. 剃齿刀　2. 被加工齿轮　3. 工作台

二、珩齿

珩齿是用珩磨轮在珩齿机上进行。珩齿机与剃齿机的区别不大，但转速高得多，一般为 $1\,000\sim2\,000$ r/min。

珩齿与剃齿的加工原理完全相同，只不过不用剃齿刀，而用珩磨轮。珩磨轮是用磨料与环氧树脂等浇铸或热压而成且具有很高齿形精度的斜齿圆柱齿轮，如图 4-17 所示。当它以很高的速度带动被珩齿轮旋转时，在相啮合的齿轮齿面产生相对滑动，从而实现切削。

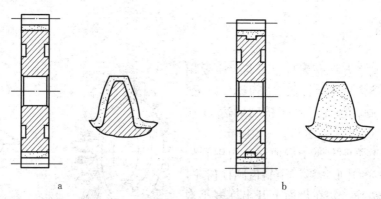

图 4-17 珩磨轮
a. 带齿芯　b. 不带齿芯

珩齿对齿形精度改善不大，主要是减小热处理后齿面的粗糙度，使齿面粗糙度 Ra 值减小到 $0.4\ \mu m$ 以下。珩齿可作为 7 级精度齿轮的滚-剃-淬火-珩加工工艺的最后工序，一般可不留加工余量。

三、磨齿

磨齿是用砂轮在磨齿机上进行。磨齿精度可达 $6\sim4$ 级，齿面粗糙度 Ra 值为 $0.4\sim$

$0.2\,\mu m$。磨齿的方法有成形法和展成法两种。

1. 成形法磨齿　成形法磨齿如图 4－18 所示，其砂轮要修整成与被磨齿轮的齿槽相吻合的渐开线齿形。这种方法的生产效率较高，但砂轮的修整较复杂。在磨齿过程中砂轮磨损不均匀，要产生一定的齿形误差，加工精度一般为 6～5 级。

2. 展成法磨齿　展成法磨齿有锥形砂轮磨齿和双碟形砂轮磨齿两种形式。

（1）锥形砂轮磨齿：如图 4－19a 所示，砂轮的磨削部分修整成与被磨齿轮相啮合的假想齿条的齿形。磨削时砂轮与被磨齿轮保持齿条与齿轮的强制啮合运动关系，使砂轮锥面包络出渐开线齿形。在磨齿机上砂轮做高速旋转，被磨齿轮沿固定的假想齿条向左或向右做往复纯滚动，以实现磨齿的展成运动，分别磨出齿槽的两个侧面 1 和 2。为了磨出全齿宽，砂轮沿着齿向还要做往复的进给运动。每磨完一个齿槽，砂轮自动退离被磨齿轮，被磨齿轮自动进行分度。

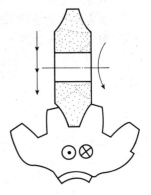

图 4－18　成形法磨齿

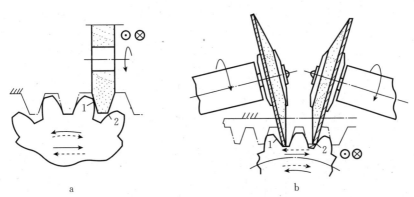

a　　　　　　　　　　b

图 4－19　展成法磨齿

a. 锥形砂轮磨齿　b. 双碟形砂轮磨齿

（2）双碟形砂轮磨齿：如图 4－19b 所示，将两个碟形砂轮倾斜一定角度，构成假想齿条两个齿的外侧面，同时对两个齿槽的侧面 1 和 2 进行磨削。其原理与锥形砂轮磨齿相同。为了磨出全齿宽，被磨齿轮沿齿向做往复进给运动。

展成法磨齿的生产效率低于成形法磨齿，但加工精度高，可达 6～4 级，齿面粗糙度 Ra 值在 $0.4\,\mu m$ 以下。

因为磨齿机的价格昂贵，生产率又低，所以磨齿仅适用于精加工齿面淬硬的、高速高精密齿轮。

复 习 思 考 题

1. 齿轮传动的精度要求是什么？
2. 为什么在铣床上铣齿的精度和生产率都较低？铣齿适用于什么场合？
3. 简述插齿和滚齿的加工原理及切削运动。

4. 插齿和滚齿具有何特点？

5. 插齿和滚齿各适用于加工何种齿轮？

6. 剃齿、珩齿和磨齿各适用于什么场合？

7. 齿面淬硬和齿面不淬硬的 6 级精度直齿圆柱齿轮，其齿形的精加工应当采用什么方法？

第五章

精密加工和特种加工简介

随着生产和科学技术的发展，许多工业部门，尤其是国防、航天、电子等，要求产品向高精度、高速度、大功率、耐高温、耐高压、小型化等方向发展，产品的零件所使用的材料越来越难加工，形状和结构越来越复杂，要求精度越来越高、表面粗糙度越来越小，普通的加工方法已不能满足其需要，一些精密加工和特种加工方法应运而生。本节仅简要地介绍常用的几种。

第一节　精密加工简介

精密加工是指在精加工之后从工件上切除很薄的材料层，以提高工件精度和减小表面粗糙度的加工方法，如研磨、珩磨和超级光磨等。

一、研磨

研磨是指在研具与工件之间置以研磨剂，研具在一定压力作用下与工件表面之间做复杂的相对运动，借助于研具与工件之间的相对运动，对工件表面做轻微的切削，以获得很高的尺寸精度和很小的表面粗糙度的加工方法。

研具的材料应比工件材料软，以便部分磨粒在研磨过程中能嵌入研具表面，起滑动切削作用。大部分磨粒悬浮于磨具与工件之间，起滚动切削作用。研具可以用铸铁、软钢、黄铜、塑料或硬木制造，但最常用的是铸铁研具。因为它适用于加工各种材料，并能较好地保证研磨质量和生产效率，成本也比较低。

研磨剂由磨料、研磨液和辅助填料等混合而成，有液态、膏状和固态三种，以适应不同加工的需要。磨料主要起机械切削作用，是由游离分散的磨粒做自由滑动、滚动和冲击来完成的。常用的磨粒有刚玉、碳化硅等，其粒度在粗研时为 240～500 号，精研时磨粒为微粉，微粉直径为 W20 以下（相当于粒度 500 号以上）。研磨液主要起冷却和润滑作用，并能使磨粒均匀分布在研具表面。常用的研磨液有煤油、汽油、全损耗系统用油（俗称机油）等。辅助填料可以使金属表面产生极薄的、较软的化合物膜，以便工件表面凸峰容易被磨粒切除，提高研磨效率和表面质量。最常用的辅助填料是硬脂酸、油酸等化学活性物质。

研磨方法分手工研磨和机械研磨两种。

（1）手工研磨：手工研磨是人手持研具或工件进行研磨的方法。如图 5-1 所示，所用研具为研磨环。研磨时，将弹性研磨环套在工件上，并在研磨环与工件之间涂上研磨剂，调整螺钉使研磨环对工件表面形成一定的压力。工件装夹在前后顶尖上，做低速回转运动（20～30 m/min），同时手握研磨环做轴向往复运动，并经常检测工件，直至合格为止。手工研磨生产率低，只适用于单件、小批量生产。

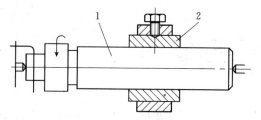

图 5-1　手工研磨外圆
1. 工件　2. 研磨环（手握）

（2）机械研磨：机械研磨是在研磨机上进行，图 5-2 所示为研磨小件外圆用研磨机的工作示意图。研具由上下两块铸铁研磨盘 2、5 组成，两者可同向或反向旋转。下研磨盘与机床转轴刚性连接，上研磨盘与悬臂轴 6 活动铰接，可按照下研磨盘自动调位，以保证压力均匀。在上下研磨盘之间有一个与偏心轴 1 相连的分隔盘 4，其上开有安装工件的长槽，长槽与分隔盘径向倾斜角为 γ。当研磨盘转动时，分隔盘由偏心轴带动做偏心旋转，工件 3 既可以在长槽内自由转动，又可因分隔盘的偏心而做轴向滑动，因而其

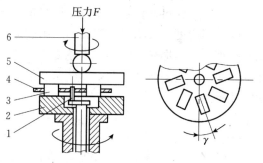

图 5-2　研磨机工作示意图
1. 偏心轴　2. 下研磨盘　3. 工件　4. 分隔盘
5. 上研磨盘　6. 悬臂轴

表面形成网状轨迹，从而保证从工件表面切除均匀的加工余量。悬臂轴可向两边摆动，以便装夹工件。机械研磨生产率高，适合大批量生产。

研磨具有如下特点：

① 加工简单，不需要复杂设备：研磨除了可在专门的研磨机上进行外，还可以在简单改装的车床、钻床等上面进行，设备和研具皆较简单，成本低。

② 研磨质量高：研磨过程中金属塑性变形小，切削力小、切削热少，表面变形层薄，因此，可以达到高的尺寸精度、形状精度和小的表面粗糙度。若研具精度足够高，经精细研磨，加工后表面的尺寸误差和形状误差可精确到 0.1～0.3 μm，表面粗糙度 Ra 值可达 0.025 μm 以下。

③ 生产率较低：研磨在低速、低压力下进行，对工件进行的是微量切削，并微量进给，切削极薄的工件材料。

④ 研磨工件的材料广泛：可研磨加工钢件，铸铁件，铜、铝等有色金属件，半导体元件，陶瓷元件等。

研磨应用很广，常见的表面如平面、圆柱面、圆锥面、螺纹表面、齿轮齿面等，都可以用研磨进行精整加工。精密配合偶件如柱塞泵的柱塞与泵体、阀芯与阀套等，往往要经过两个配合件的配研才能达到要求。

二、珩磨

珩磨是利用带有磨条 1（由几条粒度号很小的磨条组成）的珩磨头 3 对内孔 2 进行精整

加工的方法，如图 5-3a 所示。珩磨时，珩磨头 3 上的油石以一定的压力压在被加工表面上，由机床主轴带动珩磨头旋转并做轴向往复运动（工件固定不动），往复运动的行程为 a。在相对运动过程中，磨条从工件表面切除一层极薄的金属，加之磨条在工件表面上的切削轨迹是交叉而不重复的网纹，如图 5-3b 所示，故珩磨精度可达 IT7～IT5 甚至以上，表面粗糙度 Ra 值为 0.1～0.008 μm。

图 5-4 所示为一种结构比较简单的珩磨头。磨条用黏结剂与磨条座固结在一起，并装在工件的内孔中，磨条两端用弹簧圈箍住。旋转调节螺母，通过调节锥和顶块，可使磨条胀开，以便调整珩磨头的工作尺寸及磨条对孔壁的工作压力。为了能使加工顺利进行，本体必须通过浮动联轴节与机床主轴连接。

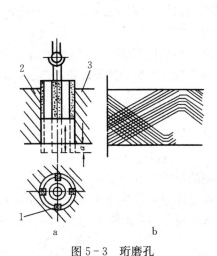

图 5-3　珩磨孔

1. 磨条　2. 内孔　3. 珩磨头

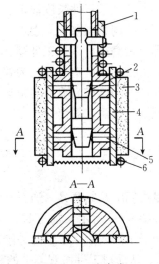

图 5-4　珩磨头

1. 调节螺母　2. 调节锥　3. 磨条　4. 磨条座　5. 顶块　6. 弹簧圈

为了及时排出切屑和切削热，降低切削温度和表面粗糙度，珩磨时要浇注充分的珩磨液。珩磨铸铁和钢件时通常用煤油加少量机油或锭子油（10%～20%）做珩磨液；珩磨青铜等脆性材料时，可以用水剂珩磨液。

磨条材料依工件材料选取。加工钢件时，磨条一般选用氧化铝；加工铸铁、不锈钢和有色金属时，磨条材料一般选用碳化硅。

在大批量生产中，珩磨在专门的珩磨机上进行。机床的工作循环常是自动化的，主轴旋转是机械传动，而其轴向往复运动是液压传动。珩磨头磨条与孔壁之间的工作压力由机床液压装置调节。在单件、小批量生产中，常将立式钻床或卧式车床进行适当改装后完成珩磨加工。

珩磨具有如下特点：

（1）生产率较高。珩磨时多个磨条同时工作，又是面接触，同时参加切削的磨粒较多，并且经常连续变化切削方向，能较长时间保持磨粒刃口锋利，故生产率较高。

（2）加工余量较大。珩磨余量比研磨大，一般珩磨铸铁时为 0.02～0.15 mm，珩磨钢件时为 0.005～0.08 mm。

（3）珩磨可提高孔的表面质量、尺寸精度和形状精度。但珩磨不能纠正孔的位置误差，这是由于珩磨头与机床主轴是浮动连接。因此，在珩磨孔的前道精加工工序中，必须保证其位置精度。

（4）珩磨表面耐磨损。由于已加工表面有交叉网纹，利于油膜形成，润滑性能好，磨损慢。

（5）珩磨头结构较复杂，刚性好。与机床主轴浮动连接，珩磨时需用以煤油为主的冷却液。

（6）工艺参数有网纹交叉角（淬火钢 8°～11°、铸铁 7°～26°）、圆周线速度 $v_{圆}$（淬火钢 22～36 m/min、铸铁 60～70 m/min）、等压径向进给控制单位压力（0.1～2 MPa）、等速径向进给量 f_r（钢 0.1～1.25 μm/r）、铸铁 0.5～2.7 μm/r。此外，磨条数量和宽度依工件表面直径而定，磨条长度依工件长度而定。

珩磨主要用于孔的精整加工，加工范围很广，能加工直径为 5～500 mm 或更大的孔，并且能加工深孔。珩磨还可以加工外圆、平面、球面和齿面等。

珩磨不但在大批量生产中应用极为普遍，而且在单件、小批量生产中应用也较广泛。对于某些工件的孔，珩磨已成为典型的精整加工方法，例如飞机、汽车等的发动机的汽缸、缸套、连杆，液压缸，枪筒，炮筒等。

三、超级光磨

超级光磨是用细磨粒的磨具（油石）对工件施加很小的压力进行光整加工的方法。超级光磨加工外圆如图 5-5 所示。加工时，工件旋转（一般工件圆周线速度为 6～30 m/min），磨具以恒力轻压于工件表面，在轴向进给的同时做轴向微小振动（一般振幅为 1～6 mm，频率为 5～50 Hz），从而对工件微观不平的表面进行光磨。

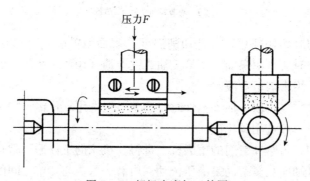

图 5-5　超级光磨加工外圆

加工过程中，在油石和工件之间注入光磨液（一般为煤油加锭子油）：一方面是为了冷却、润滑及清除切屑等；另一方面是为了形成油膜，以便自动终止切削作用。当油石最初与比较粗糙的工件表面接触时，虽然压力不大，但由于实际接触面积小，压强较大，油石与工件表面之间不能形成完整的油膜，如图 5-6a 所示，加之切削方向经常变化，油石的自锐作用较好，切削作用较强。随着工件表面被逐渐磨平，以及细微切屑等嵌入油石空隙，油石表面逐渐平滑，油石与工件接触面积逐渐增大，压强逐渐减小，油石和工件表面之间逐渐形成完整的润滑油膜，如图 5 - 6b 所示。随着油石与工件接触压强的持续减小，切削作用逐渐减弱直至自动停止。

当平滑的油石表面再一次与待加工的工件表面接触时，较粗糙的工件表面将破坏油石表面平滑而完整的油膜，使磨削过程重新进行。

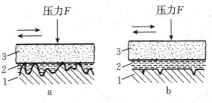

图 5 - 6　超级光磨加工过程
1. 工件　2. 油膜　3. 油石

超级光磨具有如下特点：

（1）设备简单，操作方便：超级光磨可以在专门的机床上进行，也可以在适当改装的通用机床（如卧式车床等）上利用不太复杂的超精加工磨头进行。一般情况下，超级光磨设备的自动化程度较高，操作简便，对工人的技术水平要求不高。

（2）加工余量极小：由于油石与工件之间无刚性的运动联系，油石切除金属的能力较弱，只留有 $3 \sim 10\ \mu m$ 的加工余量。

（3）生产率较高：因为超级光磨只是切去工件表面的微观凸峰，加工过程所需时间很短，一般为 $30 \sim 60\ s$。

（4）表面质量好：由于油石运动轨迹复杂，加工过程是由切削作用过渡到光整抛光，表面粗糙度很小（Ra 值小于 $0.012\ \mu m$），并具有复杂的交叉网纹，利于贮存润滑油，加工后表面的耐磨性较好。但不能提高其尺寸精度和形位精度，零件所要求的尺寸精度和形位精度必须由前道工序保证。

超级光磨的应用也很广泛，如汽车发动机工件、轴承、精密量具等小粗糙度表面常用超级光磨做光整加工。它不仅能加工轴类工件的外圆柱面，还能加工圆锥面、孔、平面和球面等。

四、抛光

抛光是在高速旋转的抛光轮上涂以抛光膏，对工件表面进行光整加工的方法。抛光轮一般是用毛毡、橡胶、皮革、棉制品或压制纸板等材料叠制而成，是具有一定弹性的软轮。抛光膏由磨料（氧化铬、氧化铁等）和油酸、软脂等配制而成。

抛光时，将工件压于高速旋转的抛光轮上，在抛光膏介质的作用下金属表面产生的一层极薄的软膜可以用比工件材料软的磨料切除，而不会在工件表面留下划痕。加之高速摩擦使工件表面出现高温，表层材料被挤压而发生塑性流动，这样可填平表面原来的微观不平，获得很光亮的表面（呈镜面状）。

抛光具有如下特点：

（1）方法简单、成本低：抛光一般不用复杂、特殊设备，加工方法较简单，成本低。

（2）适宜曲面的加工：弹性的抛光轮压于工件曲面时，在接触表面能随工件曲面而变化，即与曲面相吻合，容易实现曲面抛光，便于对模具型腔进行光整加工。

（3）不能提高加工精度：抛光轮与工件之间没有刚性的运动联系，加之抛光轮又有弹性，因此不能保证从工件表面均匀地切除材料，而只能降低表面粗糙度，不能提高加工精度，故抛光仅限于某些制品的表面装饰加工，或者作为产品电镀前的预加工。

（4）劳动条件较差：抛光多为手工操作，工作繁重，飞溅的磨粒、介质、微屑污染环境，劳动条件较差。为改善劳动条件，可采用砂带磨床进行抛光，以代替用抛光轮的手工抛光。

综上所述，研磨、珩磨、超级光磨和抛光所起的作用是不同的。抛光仅能提高工件表面的光亮程度，而对工件加工精度的改善并无益处。超级光磨仅能减小工件的表面粗糙度，而不能提高其尺寸和形位精度。研磨和珩磨则不但可以减小工件表面粗糙度，也可以在一定程度上提高其尺寸和形位精度。

从应用范围来看，研磨、珩磨、超级光磨和抛光都可以用来加工各种各样的表面，但珩磨则主要用于孔的精整加工。

从所用工具和设备来看，抛光最简单，研磨和超级光磨稍复杂，而珩磨则较为复杂。

实际生产中常根据工件的形状、尺寸和表面的要求，以及批量大小和生产条件等，选用合适的精密加工方法。

第二节　超精密加工简介

1. 超精密加工概述　随着科学技术的发展，一些仪器设备工件所要求的精度和表面质量大为提高。例如计算机的磁盘、导航仪的球面轴承、激光器的激励腔等，其精度要求很高，表面粗糙度 Ra 值要很低，用一般的精密加工难以达到。为了解决这类工件的加工问题，发展了超精密加工。

精密加工和超精密加工是指加工精度和表面质量达到极高精度的加工工艺。在不同制造业发展时期，其技术指标有所不同。在 20 世纪 60 年代，一般加工精度为 $100~\mu m$，精密加工精度为 $1~\mu m$，超精密加工精度为 $0.1~\mu m$；20 世纪 90 年代，一般加工精度为 $5~\mu m$，精密加工精度为 $0.05~\mu m$，超精密加工精度为 $0.005~\mu m$；21 世纪初，一般加工精度为 $1~\mu m$，精密加工精度为 $0.01~\mu m$，超精密加工精度为 $0.001~\mu m$（$1~nm$）。一般加工、精密加工和超精密加工的界限将随着科学技术的进步而逐渐推进，过去的精密加工对今天来说已是一般加工，而当代的精密工程、微细工程和纳米技术是现代制造技术的前沿，也是明天技术的基础。

2. 超精密加工分类　根据所用的工具不同，超精密加工可以分为超精密切削、超精密磨削和超精密研磨等。

（1）超精密切削：是用单晶金刚石刀具进行的超精密加工。因为很多精密工件是用有色金属制成的，难以采用超精密磨削加工，所以只能运用超精密切削加工。例如，用金刚石刀具精密切削高密度硬磁盘的铝合金基片，表面粗糙度 Ra 值可达 $0.003~\mu m$，平面度可达 $0.2~\mu m$。

（2）超精密磨削：是用精细修整过的砂轮或砂带进行的超精密加工。超精密磨削是利用大量等高的磨粒微刃，从工件表面切除一层极微薄的材料，来达到超精密加工的目的。它的生产率比一般超精密切削高，尤其是砂带磨削，生产率更高。

（3）超精密研磨：一般是指在恒温的研磨液中进行研磨的方法。因为抑制了研具和工件的热变形，并防止了尘埃和大颗粒磨料混入研磨区，所以能达到很高的精度（误差在 $0.1~\mu m$ 以下）和很小的表面粗糙度（Ra 值在 $0.025~\mu m$ 以下）。

3. 超精密加工的基本条件　超精密加工的核心，是切除微米级以下极微薄的材料。为了较好地解决这一问题，机床设备、刀具、工件、环境和检验等方面，应具备一些基本条件。

（1）高精密机床：

① 可靠的微量进给装置。一般精密机床，其机械的或液压的微量进给机构很难达到 $1 \mu m$ 以下的微量进给要求。进行超精密加工的机床，常采用弹性变形、热变形或压电晶体变形等的微量进给装置。

② 主轴的回转精度高。在进行极微量切削或磨削时，主轴回转精度的影响是很大的。例如进行超精密加工的车床，其主轴的径向和轴向跳动允差应为 $0.15 \sim 0.12 \mu m$。这样高的回转精度，常用液体或空气静压轴承来达到。

③ 低速运行特性好的工作台。超精密切削或超精密磨削修整砂轮时，工作台的运动速度应为 $10 \sim 20 mm/min$ 或更小。在这样低的速度下运行，很容易产生"爬行"（即不均匀的窜动），这是超精密加工决不允许的。防止爬行的主要措施是选用防爬行导轨油、采用轨面黏敷板或液体静压导轨等。

④ 较高的抗振性和热稳定性等。

（2）刀具或磨具：无论是超精密切削还是超精密磨削，为了切下一层极薄的材料，切削刃必须非常锋利，并有足够的耐用度。目前只有精细研磨的金刚石刀具和精细修整的砂轮等，才能满足要求。

一般来讲，超精密加工切屑极薄，当背吃刀量小于 $1 \mu m$ 时，背吃刀量可能小于工件材料晶粒的尺寸，切削就可能在晶粒内进行，这样切削力一定要超过晶粒内部非常大的原子结合力才能进行切削。因此，刀具上的切削应力就会非常大，刀具的切削刃必须能够承受这个巨大的切削应力和由此产生的巨大切削热，这对于一般的刀具或磨粒材料来说是难以承受的。金刚石刀具不但具有很高的高温强度和高温硬度，且由于金刚石材料本身质地细密，经过精细研磨，切削刃钝圆半径可达 $0.005 \sim 0.008 \mu m$，再加上其切削刃的形状可以加工得很好，表面粗糙度可以很低，因此能够进行 Ra 值为 $0.05 \sim 0.008 \mu m$ 的镜面切削，达到比较理想的效果。

（3）工件材质：超精密加工的精度和表面质量都要求很高，而加工余量又非常小，故对工件的材质和表层微观缺陷等都要求很高。尤其是表层缺陷（如空穴、杂质等），若大于加工余量，加工后就会暴露在表面上，使表面质量达不到要求。因此材料的选择，不但要从强度、刚性方面考虑，而且更要注重材料本身必须具有均匀性和性能的一致性，不允许存在内部或外部的微观缺陷。

（4）加工环境：超精密加工需要超稳定的加工环境，主要包括恒温、防振和超净三个方面，以保证超精密加工的顺利进行。

第三节　特种加工简介

特种加工是指利用诸如化学的、物理的（电、声、光、热、磁）的方法对材料进行的加工。与传统的机械加工方法相比，它具有一系列的优点，能解决大量普通机械加工方法难以解决甚至不能解决的问题，因而自其产生以来，得到迅速发展，并显示出极大的潜力和应用前景。

特种加工主要有如下优点：

① 加工范围不受材料物理、力学性能的限制，具有"以柔克刚"的特点。可以加工任何硬的、脆的、耐热的或高熔点的金属或非金属材料。

② 特种加工可以很方便地完成常规切（磨）削加工很难完成甚至无法完成的各种复杂型面、窄缝、小孔的加工，如汽轮机叶片曲面、各种模具的立体曲面型腔、喷丝头的小孔等的加工。

③ 用特种加工获得的工件的精度及表面质量有其严格的、确定的规律性，充分利用这些规律性，可以有目的地解决一些工艺难题和满足工件表面质量方面的特殊要求。

④ 许多特种加工方法对工件无宏观作用力，因而适合加工薄壁件、弹性件。某些特种加工方法则可以精确地控制能量，适合进行高精度和微细加工。还有一些特种加工方法则可在可控制的气氛中工作，适合要求无污染的纯净材料的加工。

⑤ 不同的特种加工方法各有所长，把它们进行合理复合，能扬长避短，形成有效的新加工技术，从而为新产品结构设计、材料选择、性能指标拟定提供更为广阔的可能性。

特种加工方法种类较多，这里仅简要介绍电火花加工、电解加工、激光加工、超声波加工、电子束加工、离子束加工和复合加工。

一、电火花加工

电火花加工是利用工具电极和工件电极间瞬时火花放电所产生的高温熔蚀工件表面材料来实现加工的一种方法。图 5-7 所示为电火花加工装置原理图。工件固定在工作台上，脉冲发生器 1 的两极分别接在工具电极 3 与工件 4 上。当工具电极与工件受自动进给调节装置的驱动在工作液 5 中相互靠近时，极间电压击穿间隙而产生火花放电现象，释放大量的热。工件表层吸收热量后达到很高的温度（10 000 ℃以上），其局部材料因熔化甚至气化而被蚀除下来，形成一个微小的凹坑。多次放电的结果就是工件表面产生大量非常小的凹坑。工具电极在自动进给调节装置的驱动下不断下降，其轮廓形状

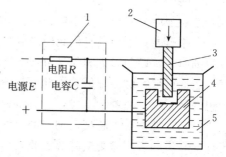

图 5-7 电火花加工装置原理图
1. 脉冲发生器　2. 自动进给调节装置
3. 工具电极　4. 工件　5. 工作液

便被"复印"到工件上（工具电极材料尽管也会被蚀除，但其速度远小于工件材料），这样就完成了工件的加工。

电火花加工具有如下特点：

（1）电火花加工适用于导电性较好的金属材料的加工且不受材料的强度、硬度、韧性及熔点的影响，因此为耐热钢、淬火钢、硬质合金等难加工材料提供了有效的加工手段。加工过程中工具与工件不直接接触，故不存在切削力，从而工具电极可以用较软的材料如纯铜、石墨等制造，并可用于薄壁、小孔、窄缝的加工，而不必担心因工具或工件的刚度太低而加工无法进行，也可用于各种复杂形状的型孔及立体曲面型腔的一次成形，而不必考虑加工面

积太大会引起切削力过大等问题。

（2）电火花加工过程中一组配合好的电参数，如电压、电流、频率、脉宽等，称为电规准。电规准通常可分为两种，即粗规准和精规准，以适应不同的加工要求。电规准的选择与加工的尺寸精度及表面粗糙度有着密切的关系。一般精规准穿孔加工的尺寸误差可达 $0.01\sim0.05$ mm，型腔加工的尺寸误差可达 0.1 mm 左右，表面粗糙度 Ra 值为 $3.2\sim0.8$ μm。

（3）电火花加工的应用范围很广。它可以用来加工各种型孔、小孔，如冲孔凹模、拉丝模孔、喷丝孔等；可以加工立体曲面型腔，如锻模、压铸模、塑料模的模膛；也可以用来进行切断、切割、表面强化、刻写、打印铭牌和标记等。

二、电解加工

电解加工是利用金属在电解液中产生阳极溶解的电化学原理对工件进行成形加工的一种方法。电解加工原理图如图 5-8 所示。工件接直流电源的正极，工具接负极，两极保持较小的间隙（$0.1\sim0.8$ mm），具有一定压力（$0.5\sim2$ MPa）的电解液从两极间隙中高速（$15\sim60$ m/s）流过。当工具电极向工件不断进给时，在面向阴极的工件表面上，金属材料按阴极型面的形状不断溶解，电解产物被高速流动的电解液带走，于是工具型面的形状就相应"复印"在工件上。

电解加工具有如下特点：

（1）影响电解加工质量和生产效率的工艺因素很多，主要有电解液（包括电解液成分、浓度、温度、流速和流向等）、电流密度、工作电压、加工间隙和工具电极进给速度等。

（2）电解加工不受材料硬度、强度和韧性的限制，可加工硬质合金等难切削金属材料；能以

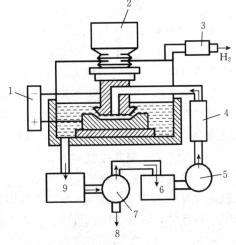

图 5-8　电解加工原理图
1. 直流电源　2. 电极送进机构　3. 风扇
4. 过滤器　5. 泵　6. 清洁电解液　7. 离心分离器
8. 残液　9. 脏电解液

简单的进给运动，一次完成形状复杂的型面或型腔的加工（如汽轮机叶片、锻模等），效率比电火花加工高 $5\sim10$ 倍；电解过程中，作为阴极的工具理论上没有损耗，故加工精度可达 $0.2\sim0.005$ mm；电解加工时无机械切削力和切削热的影响，因此适于易变形或薄壁工件的加工。此外，在加工各种膛线、花键孔、深孔、内啮合齿轮，去毛刺，刻印等方面，电解加工也获得广泛应用。

（3）设备投资较大，耗电量大；电解液有腐蚀性，需对设备采取防护措施，对电解产物也需妥善处理，以防止污染环境。

三、激光加工

激光是一种亮度高、方向性好（激光光束的发散角极小）、单色性好（波长或频率单

一）、相干性好的光。由于激光的上述 4 大特点，通过光学系统可以使它聚焦成一个极小的光斑（直径仅几微米至几十微米），从而获得极高的功率密度（$10^7 \sim 1\,010$ W/cm²）和极高的温度（$10\,000$ ℃以上）。在此高温下，任何坚硬的材料都将瞬时急剧熔化和蒸发，并产生强烈的冲击波，使熔化的物质爆炸式地喷射去除。激光加工就是利用这种原理蚀除材料从而对工件进行加工的。为了促进蚀除物的排除，还需对加工区吹氧（加工金属时使用），或吹保护性气体，如二氧化碳、氮等（加工可燃物质时用）。

对工件的激光加工由激光加工机完成。激光加工机通常由激光器、电源、光学系统和机械系统等组成（图 5-9）。激光器（常用的有固体激光器和气体激光器）把电能转变成光能，产生所需要的激光束，经光学系统聚焦后，照射在工件上对其进行加工。工件固定在三坐标精密工作台上，由机械系统控制和驱动，完成加工所需的进给运动。

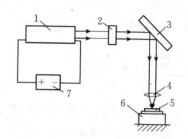

图 5-9　激光加工机示意图
1. 激光器　2. 光阑　3. 反光镜　4. 聚焦镜
5. 工件　6. 工作台　7. 电源

激光加工具有如下特点：

（1）不需要加工工具，故不存在工具磨损问题，同时也不存在断屑、排屑的麻烦，这对高度自动化生产系统非常有利，激光加工机床已用于柔性制造系统之中。

（2）激光束的功率密度很高，几乎对任何难加工的金属和非金属材料（如高熔点材料，耐热合金，陶瓷、宝石、金刚石等硬脆材料）都可以加工。

（3）激光加工是非接触加工，工件无受力变形。

（4）激光打孔、切割的速度很高（打一个孔只需 0.001 s；切割 20 mm 厚的不锈钢板，切割速度可达 1.27 m/min），加工部位周围的材料几乎不受热影响，工件热变形很小。激光切割的切缝窄，切割边缘质量好。

激光加工已广泛用于金刚石拉丝模、钟表宝石轴承、发散式气冷冲片的多孔蒙皮、发动机喷油嘴、航空发动机叶片等的小孔加工，以及多种金属材料和非金属材料的切割加工。随着激光技术与数控技术的密切结合，激光加工技术将会得到更迅速、更广泛的发展，并在生产中占有越来越重要的地位。

四、超声波加工

超声波加工是利用超声频（16～25 kHz）振动的工具端面冲击工作液中的悬浮磨料，由磨粒对工件表面进行撞击、抛磨来实现对工件加工的一种方法。其加工原理如图 5-10 所示。

超声波发生器将工频交流电转变为有一定功率输出的超声频电振荡，然后通过换能器将此超声频电振荡转变为超声频机械振荡，借助于振幅扩大棒把振动的位移幅值由 0.005～0.01 mm 放大到 0.1～0.15 mm，驱动工具振动。工具端面在振动中冲击工作液中的悬浮磨粒，使其以很高的速度不断地撞击、抛磨被加工表面，把加工区域的材料粉碎成很细的微粒后打击下来。虽然每次打击下来的材料很少，但由于打击的频率高，仍有一定的加工速度。由于工作液的循环流动，被打击下来的材料微粒被及时带走。随着工具的逐渐伸入，其形状便"复印"在工件上。

超声波加工具有如下特点：

（1）超声波加工适合加工不导电的非金属材料，例如玻璃、陶瓷、石英、锗、硅、玛瑙、宝石、金刚石等，对于导电的硬质合金、淬火钢等也能加工，但加工效率比较低。

（2）因为超声波加工是靠极小的磨料作用，所以加工精度较高，一般可达 0.02 mm，表面粗糙度 Ra 值为 $1.25\sim0.1\ \mu m$，被加工表面也无残余应力、组织改变及烧伤等现象。

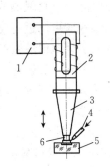

图 5-10　超声波加工原理示意图
1. 超声波发生器　2. 换能器　3. 振幅扩大棒
4. 工作液　5. 工件　6. 工具

（3）在加工过程中不需要工具旋转，因此易于加工各种复杂形状的型孔、型腔及成形表面。

（4）超声波加工机床的结构比较简单，操作维修方便，工具可用较软的材料（如黄铜、45 钢、20 钢等）制造。

（5）超声波加工的缺点是生产效率低，工具磨损大。

近年来，超声波加工与其他加工方法相结合进行的复合加工发展迅速，如超声振动切削加工、超声电火花加工、超声电解加工、超声调制激光打孔等。这些复合加工方法把两种甚至多种加工方法结合在一起，起到取长补短的作用，使加工效率、加工精度及加工表面质量显著提高，越来越受到人们的重视。

五、电子束加工

按加工原理的不同，电子束加工可分为热加工和化学加工。

1. 热加工　热加工是利用电子束的热效应来对工件进行加工的，可以完成电子束熔炼、电子束焊接、电子束打孔等加工工序。图 5-11 所示为电子束打孔的原理示意图。在真空条件下，经加速和聚焦的高功率密度电子束照射在工件表面上，电子束的巨大能量几乎全部转变成热能，使工件被照射部分立即被加热到材料的熔点或沸点以上，材料局部蒸发或成为雾状粒子而飞溅，从而实现打孔加工。

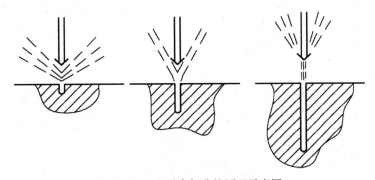

图 5-11　电子束打孔的原理示意图

2. 化学加工　功率密度相当低的电子束照射在工件表面上，几乎不会引起温升，但这样的电子束照射高分子材料时，就会由于入射电子与高分子相碰撞而使其分子链切断或重新聚合，从而使高分子材料的分子质量和化学性质发生变化，这就是电子束的化学效应。利用电子束的化学效应可以进行化学加工——电子束光刻。光刻胶是高分子材料，按规定图形对光刻胶进行电子束照射就会产生潜像，再将它浸入适当的溶剂中，由于照射部分和未照射部分的分子质量不同，溶解速度不一样，就会使潜像显影出来。

集成电路光刻工艺加工过程原理图如图5-12所示。基片1（一般用硅片）经氧化处理，形成保护膜2，图5-12a所示的是二氧化硅膜；在保护膜上涂敷光刻胶3，如图5-12b所示；用电子束（或紫外光、离子束等）按要求的图形对光刻胶曝光形成潜像，如图5-12c所示；通过显影操作去除已经曝光的光刻胶，如图5-12d所示；用腐蚀剂腐蚀保护膜的裸露部位，如图5-12e所示；去除光刻胶，获得需要的微细图形，如图5-12f所示。

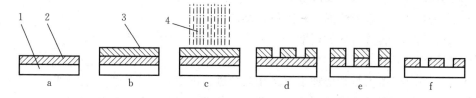

图5-12　集成电路光刻工艺加工过程原理图
a. 硅片制备和氧化　b. 涂敷光刻胶　c. 曝光　d. 显影　e. 腐蚀保护膜的裸露部位　f. 去除光刻胶
1. 基片　2. 保护膜　3. 光刻胶　4. 曝光粒子流

电子束光刻的最小线条宽度可达$0.1\ \mu m$，线槽边缘的平面度在$0.05\ \mu m$以内，而紫外光刻的最小线条宽度受衍射效应的限制，一般不能小于$1\ \mu m$。

电子束加工装置主要由电子枪系统、真空系统、控制系统和电源系统等组成。电子枪系统用来发射高速电子流，进行初步聚焦，并使电子加速。它由电子发射阴极、控制栅极和加速阳极三部分组成。真空系统的作用是造成真空工作环境。在真空下电子才能高速运动，发射阴极才不会在高温下被氧化，同时也防止被加工表面和金属蒸气氧化。控制系统由聚焦装置、偏转装置和工作台位移装置等组成，控制电子束的束径大小和方向，按照加工要求控制电压及加速电压。

电子束加工已广泛用于不锈钢、耐热钢、合金钢、陶瓷、玻璃和宝石等难加工材料的圆孔、异形孔和窄缝的加工，孔径或缝宽可达$0.003\sim0.02\ \mu m$。电子束还可用来焊接难熔金属，化学性能活泼的金属，以及碳钢、不锈钢、铝合金、钛合金等。另外，电子束还用于微细加工的光刻中。

电子束加工时，高能量的电子会透入表层达几微米甚至几十微米，并以热的形式传输到相当大的区域，因此用它作为超精密加工方法要考虑热量对工件的影响。

六、离子束加工

离子束加工也是在真空中进行的。先把氩（Ar）、氪（Kr）、氙（Xe）等惰性气体经高温、强光（或放射性）照射、高速电子的冲撞形成等离子体，然后在加速电极作用下形成高速离子束流，再经聚焦后，投射到被加工表面而实现加工。

离子质量大、冲量大，轰击工件材料时，将引起变形、分离破坏等机械作用，离子的能量基本上是传递给工件材料的原子，形成冲击效应、抛光效应或注入效应。因为离子束轰击材料是逐层去除原子，所以离子束加工不会产生高温。一般来说，当离子加速到几十至几千电子伏特时，离子束流就可把工件表面层的原子击出，称其为离子溅射加工。用被加速了的离子从靶材上打出原子，并将它们附着到工件表面上形成镀膜，称其为离子束溅射镀膜加工。用数十万电子伏特的高能离子轰击工件表面，离子将打入工件表层，其电荷被中和，成为置换原子或晶格间原子而被留于工件表层中，从而改变了工件表层的材料成分和性质，称其为离子注入加工。图 5 - 13 为离子束加工原理图。

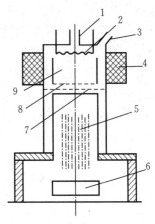

图 5 - 13　离子束加工原理图
1. 真空抽气孔　2、7. 阴极
3. 惰性气体注入口　4. 电磁线圈
5. 离子束流　6. 工件
8. 阳极　9. 电力室

离子束加工装置一般包括离子源系统、真空系统、控制系统和电源系统。离子束加工装置仅离子源系统与电子束加工装置不同，其他系统类似。

离子源系统的作用是产生离子束流。其基本工作原理是将气体原子注入离子室，然后使气体原子经受高频放电、电弧放电、等离子体放电或电子轰击而被电离成等离子体，并利用电场作用将正离子从离子源出口引出而形成离子束。根据离子产生的方式和用途，离子源可分为考夫曼型离子源、双等离子体离子源和高频放电离子源等多种形式。

离子束加工是一种新兴微细加工方法，在亚微米至纳米级精度的加工中很有发展前途。离子束通过离子光学系统进行聚焦扫描，能精确控制离子束密度、深度、含量等，可获得精密的加工效果。离子束加工是依靠离子撞击工件表面的原子而实现的，是一种微观作用，其宏观作用力小，加工应力、变形极小，故可对各种材料、低刚度工件进行微细加工，能得到很高的表面质量。离子束加工是在真空中进行的，污染少，但是要增加抽真空装置，投资大，维护较麻烦。

七、复合加工

复合加工是把两种或两种以上的能量形式（包括机械能）合理地组合在一起进行材料去除，以便能提高加工效率或获得很高的尺寸精度、形位精度和表面完整性的工艺方法。复合加工能成倍地提高加工效率和进一步改善加工质量，是特种加工发展的方向。下面择要介绍几种复合加工。

1. 电解磨削　电解磨削是将电解作用与机械磨削相结合的一种复合加工方法。电解磨削原理图如图 5 - 14 所示。图中高速旋转的导电砂轮接直流电源负极，工件（车刀）接直流电源正极。电解磨削时，

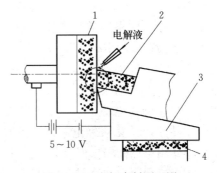

图 5 - 14　电解磨削原理图
1. 导电砂轮　2. 硬质合金车刀（工件）
3. 工作台　4. 绝缘层

导电砂轮和工件间保持一定的接触压力，砂轮表面外凸的磨粒使砂轮导电体与工件间有一定间隙。当电解液从间隙中流过时，工件出现阳极溶解，工件表面形成一薄层较软的膜，很容易被导电砂轮中的磨粒磨除，工件上又露出新的金属表面并进一步电解。在加工过程中，电解作用与磨削作用交替进行，最后达到加工要求。在电解磨削加工过程中，电解作用是主要的。

电解磨削硬质合金车刀（工件）时，加工效率比普通的金刚石砂轮磨削要高 3～5 倍，表面粗糙度 Ra 值可达 0.2～0.012 μm。

2. 超声电解复合抛光　超声电解复合抛光是超声波加工和电解加工复合而成的，可以获得优于依靠单一电解或单一超声波抛光加工工件的抛光效率和表面质量。超声电解复合抛光原理图如图 5-15 所示。抛光时，工件接直流电源正极，工具接直流电源负极。工件与工具间通入钝化性电解液。裸露在电解液中的工件表面迅速发生阳极溶解，生成钝化膜，工具则以较高的频率进行抛磨，不断地将工件表面凸起部位的钝化膜去掉，掉下来的产物则被高速流动的电解液带走。而工件凹下去部位的钝化膜，工具抛磨不到，因此不溶解。这个过程一直持续到将工件表面整平为止。

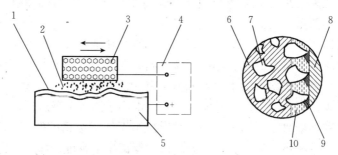

图 5-15　超声电解复合抛光原理图

1、9. 钝化膜（阳极薄膜）　2. 电解液　3. 工具　4. 电解电源　5、8. 工件
6. 结合剂　7. 磨粒　10. 电极间隙及电解液

工具在超声波振动下，不但能迅速去除钝化膜，而且在加工区域内产生的"空化作用"可增强电化反应，进一步提高工件表面凸起部位金属的溶解速度。

3. 超声电火花复合抛光　超声电火花复合抛光是在超声波抛光的基础上发展起来的。这种复合抛光的加工效率比纯超声机械抛光要高出 3 倍以上，表面粗糙度 Ra 值可达 0.2～0.1 μm，特别适合小孔、窄缝以及小型精密表面的抛光。超声电火花复合抛光的工作原理如图 5-16 所示。抛光时工具接脉冲电源的负极，工件接正极，在工具和工件间通乳化液做电解液。这种电解液的阳极溶解作用虽然微弱，但有利于工件的抛光。

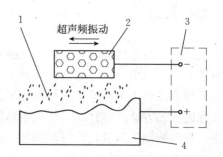

图 5-16　超声电火花复合抛光的工作原理

1. 电解液（乳化液）　2. 工具
3. 电解电源　4. 工件

抛光过程中，超声波的"空化作用"一方面会使工件表面软化，有利于加速金属的剥离；另一方面使工件表面不断出现新的金属尖峰，这样不但增加了电火花放电的分散性，而且为放

电加工形成了有利条件。超声波抛磨和放电交错而连续地进行,不仅提高了抛光速度,而且提高了工件表面材料去除的均匀性。

复习思考题

1. 超精密加工应具备哪些基本条件?

2. 什么是电火花加工、电解加工、超声波加工、激光加工、电子束加工和离子束加工?这几种加工方法的各自特点及其应用范围有哪些?

3. 电火花加工时,间隙液体介质的击穿机理是什么?

4. 电火花加工的工件表面发生了什么变化?

5. 为什么说电解加工过程中的阳极溶解是氧化过程,而阴极沉积是还原过程?

6. 举例说明电解加工在电极处有何化学反应?

7. 画图说明电解加工原理,并比较电解加工与传统机械加工、电火花加工有何异同?

8. 画图说明超声波加工原理。

9. 试述电子束加工原理。

10. 为什么电子束热处理会使工件获得更好的物理力学性能?

第六章

机械加工工艺过程

第一节　基本概念

一、生产过程与工艺过程

1. 生产过程　制造机械产品时，由原材料到该机械产品出厂的全部劳动过程称为机械产品的生产过程。由如下一系列与该产品有关的制造活动组成。

（1）原材料、半成品、成品的运输与保管。

（2）生产技术准备工作，包括工艺设计、专用工艺装备的设计制造、材料与工时定额的选定、生产资料的准备、生产组织的调整等。

（3）制造毛坯用到的加工方法有铸造、锻压、冲压、焊接等。

（4）工件的加工方法有机械加工、热处理等。

（5）产品的装配与出厂，包括工件装配与调整、部件检验、产品试验、产品涂漆、产品包装与出厂。

根据机械产品复杂程度的不同，工厂的生产过程又可分为若干车间的生产过程。某一车间的原材料或半成品可能是另一车间的成品；而它的成品又可能是其他车间的原材料或半成品。

2. 工艺过程　在机械产品的生产过程中，毛坯的制造、机械加工、热处理和装配等与原材料变为成品直接有关的过程称为工艺过程。工艺过程是生产过程的主要组成部分，包括毛坯制造工艺过程、机械加工工艺过程、热处理工艺过程、装配工艺过程等。

在工艺过程中，利用切削加工、磨削加工、特种加工等加工方法，直接改变毛坯形状、尺寸、相对位置和表面质量，使之成为合格工件的那部分工艺过程称为机械加工工艺过程。机械加工工艺过程直接决定工件和产品的质量，对产品的成本和生产周期都有较大的影响，是机械产品整个工艺过程的主要组成部分。把工件装配成部件或成品并达到装配要求的过程称为装配工艺过程。

二、机械加工工艺过程的组成

机械加工工艺过程是由一系列按顺序排列的工序组成的，工序又分为安装、工位、工步、走刀。

1. 工序　工序是组成机械加工工艺过程的基本单元，是指一个或一组工人，在一个工作地点或一台机床上，对同一个或同时对几个工件进行加工所连续完成的那一部分工艺过程。划分工序的依据是工人是否变更、工作地点是否变更、加工是否连续。只要三者之一有变动，就不是一道工序。同一工件、同样的加工内容也可以安排在不同的工序中完成。

2. 安装　在工件的加工过程中，需要多次装夹工件。那么，每一次装夹所完成的那部分工艺过程称为安装。加工中应尽量减少安装次数，以免产生不必要的误差和增加装卸工件的辅助时间。例如，在单件、小批量加工阶梯轴时，在车床上加工大端外圆和倒角，随后调头装夹，继续加工小端外圆和倒角，虽然是一个工序，但出现了两次装夹。

3. 工位　在一次安装过程中，工件在机床上所占据的每一个待加工位置称为工位。在大批大量生产中，为了提高生产率，往往采用多工位加工。这样既减少了装夹次数又缩短了辅助时间，不单提高了生产率也有利于保证加工精度。

多工位加工指为了减少安装次数，常采用多工位夹具或多轴机床，使工件在一次安装中先后处于几个不同的位置进行加工的一种方法。图6-1所示为回转工作台上一次完成工件的安装、钻孔、扩孔和铰孔4个工位的加工实例。

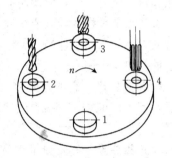

图6-1　多工位加工
1. 安装　2. 钻孔　3. 扩孔　4. 铰孔

4. 工步　工步是指加工表面、加工工具、切削速度和进给量不变的情况下所完成的那一部分工序内容。一道工序可以包括几个工步，也可以只包括一个工步。构成工步的任一因素改变后，一般就为另一工步。但对于那些在一次安装中连续进行的若干相同工步，可看成一个工步。有时为了提高生产率，用几把不同刀具同时加工几个不同表面，此类工步称为复合工步（图6-2）。在工艺文件上，复合工步应视为一个工步。

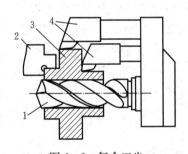

图6-2　复合工步
1. 钻头　2. 夹具　3. 工件　4. 车刀

5. 走刀　在一个工步内，若被加工表面要切除的金属层很厚，需要分几次切削，则每进行一次切削就是一次走刀。一个工步可包括一次或几次走刀。

第二节　生产类型及其工艺特点

一、生产纲领与生产类型

机械产品的制造工艺不但与产品的结构、技术要求有很大关系，而且与产品的生产类型也有很大关系，而产品的生产类型是由企业的生产纲领决定的。企业在计划期内应当生产的产品量和进度计划称为生产纲领。因为计划期常定为一年，所以年生产纲领也就是年产量。工件的年生产纲领可按下式计算：

$$N=Qn(1+a\%+b\%) \qquad\qquad (6-1)$$

式中　　N——工件的年生产纲领（件/年）；

　　　　Q——产品的年产量（台/年）；

　　　　n——每台产品中该工件的数量（件/台）；

　　　　$a\%$——备品的百分率；

　　　　$b\%$——废品的百分率。

生产纲领的大小对生产组织和工件加工工艺过程起着重要的影响，决定了各工序所需专业化和自动化的程度，以及所应选用的工艺方法和工艺装备。

生产类型是指企业（或车间、工段、班组、工作地）生产专业化程度的分类。根据生产纲领的大小和产品品种的多少，机械制造业的生产类型可分为单件生产、成批生产和大量生产三种类型。

1. 单件生产　它的基本特点是：产品品种多，但同一产品的产量少，而且很少重复生产，各工作地加工对象经常改变。例如，重型机械产品制造和新产品试制就属于单件生产。

2. 成批生产　它是分批地生产相同的工件，生产周期性重复。例如，机床、机车、纺织机械等产品制造多属于成批生产。同一产品（或工件）每批投入生产的数量称为批量。批量可根据工件的年产量及一年中的生产批数计算确定。按照批量的大小，成批生产又可分为小批生产、中批生产和大批生产 3 种。在工艺方面，小批生产与单件生产相似，大批生产与大量生产相似，中批生产则介于单件生产和大量生产之间。

3. 大量生产　它的基本特点是：产品的产量大、品种少，大多数工作地长期重复地进行某一工件的某一工序的加工。例如，汽车、拖拉机和自行车等产品的制造多属于大量生产。

按年生产纲领，划分生产类型，见表 6-1。

表 6-1　不同产品生产类型的划分

生产类型		工件的年生产纲领/件		
		小型工件	中型工件	重型工件
单件生产		<100	<20	<5
成批生产	小批生产	100~500	20~200	5~100
	中批生产	500~5 000	200~500	100~300
	大批生产	5 000~50 000	500~5 000	300~1 000
大量生产		>50 000	>5 000	>1 000

二、各种生产类型的工艺特点

不同生产类型的加工工艺有很大的差异。产量大、产品固定时，有条件采用各种高生产率的专用机床和专用夹具，以提高劳动生产率和降低成本，但在产量小、产品品种多时，多采用通用机床和通用夹具，生产率较低；当采用数控机床加工时，生产率将有很大的提高。为了获得最佳的经济效益，对于不同的生产类型，其生产组织、生产管理、车间管理、毛坯选择、设备工装、加工方法和操作者的技术等级要求均有所不同，具有不同的工艺特点。各种生产类型的工艺特征见表6-2。

表6-2　各种生产类型的工艺特征

项目	批量		
	单件、小批量生产	成批量生产	大批大量生产
加工对象	频繁变换	周期性变换	长期不变
工艺规程	简单的工艺卡	有比较详细的工艺规程	有详细的工艺规程
毛坯的制造方法及加工余量	采用木模手工造型或自由锻，毛坯精度低、加工余量大	采用金属模造型或模锻，毛坯精度与加工余量中等	广泛采用模锻或金属模造型，毛坯精度高、加工余量少
机床设备	采用通用机床，部分采用数控机床。按机床种类及大小采用"机群式"排列	通用机床及部分高生产率机床。按加工工件类别分工段排列	专用机床、自动机床及自动线，按流水线形式排列
夹具	多用标准附件，极少采用夹具，靠划线及试切法达到精度要求	广泛采用夹具和组合夹具，部分靠加工中心一次安装	采用高效率专用夹具，靠夹具及调整法达到精度要求
刀具与量具	通用刀具和万能量具	较多采用专用刀具及专用量具	采用高生产率刀具和量具，自动测量
对工人的要求	技术熟练的工人	技术达到一定熟练程度的工人	对操作工人的技术要求较低，对调整工人技术要求较高
工件的互换性	一般是配对生产，无互换性，主要靠钳工修配	多数互换，少数用钳工修配	全部具有互换性，而对装配要求较高的配合件，采用分组选择装配
成本	高	中	低
生产率	低	中	高

第三节　工件加工时的定位及基准选择

一、工件加工时的定位

（一）定位原理

为了加工出符合技术要求的表面，工件在加工前相对于刀具和机床必须占据正确的位置，这称为定位。夹具在工件的定位中起了决定性的作用，故这里主要介绍工件在夹具中的定位。

工件的定位就是限制其自由度。由运动学可知，一个自由刚体在空间直角坐标系中有六个独立活动的可能性，这种独立活动的可能性称为自由度。其中有三个是沿坐标轴方向的移动，另外三个是绕坐标轴的转动（正反方向的活动被认为是一个活动），活动可能性的个数就是自由度的数目，即共计六个自由度，如图6-3所示。

在空间直角坐标系中工件可看作一个自由刚体。用$\vec{x}$、$\vec{y}$、$\vec{z}$分别表示沿三个坐标轴x、y、z方向的移动自由度，用$\hat{x}$、$\hat{y}$、$\hat{z}$分别表示绕三个坐标轴x、y、z的转动自由度。

合理布置六个定位支承点，使工件上的定位基面与其接触，一个支承点限制工件一个自由度，从而使工件的六个自由度被全部限制，在空间得到唯一确定的位置，这就是六点定位原理。

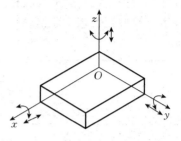

图 6-3　工件在空间的六个自由度

分析工件定位时应注意，定位支承点只有与工件定位基面接触时才具有限制自由度的作用，若脱离接触则失去定位作用。在分析定位作用时，不考虑外力作用的影响。当然，定位只是保证工件在夹具中的位置确定，并不能保证在加工中工件不移动，故还需夹紧。定位和夹紧是两个不同的概念，应注意区别。

如图 6-4 所示，在xOy坐标平面内设置 3 个定位点 1、2、3。当工件底平面与 3 个定位点相接触时，工件沿z轴方向的移动自由度和绕x轴、y轴的转动自由度就被限制，即工件的$\vec{z}$、$\hat{x}$、$\hat{y}$ 3 个自由度就被限制；然后在xOz坐标平面内再设置定位点 4、5，当工件侧面与该两点相接触时，工件沿y轴方向的移动自由度和绕z轴的转动自由度就被限制，即 4、5 点限制了工件的$\vec{y}$、$\hat{z}$ 两个自由度；最后在yOz坐标平面内设置定位点 6，当工件后端面与点 6 相接触时，工件沿x轴方向的移动自由度就被限制，即定位点 6 限制了工件的一个自由度$\vec{x}$。这六个定位点限制了工件的六个自由度，也就确定了工件在空间的唯一位置。

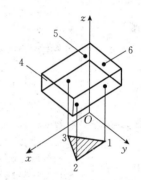

图 6-4　六点定位原理

实际生产中，并不是在任何情况下都要限制工件的六个自由度，应根据工件各工序的加工要求来确定。工件在夹具中的定位通常有如下几种情况：

1. 完全定位　工件的六个自由度均被夹具定位元件限制，使工件在夹具中占据唯一确定的位置，这种定位称为完全定位，如图 6-5 所示。

2. 不完全定位　根据工件加工表面的不同加工要求，定位支承点的数目可以少于六个。有些自由度对加工要求有影响，有些自由度对加工要求无影响，这种定位情况称为不完全定位。

不完全定位是允许的。影响工件加工要求的自由度需限制，不影响工件加工要求的自由度不需限制，在实际夹具定位中这种情况普遍存在。如图 6-6 所示，加工中x轴方向的移动自由度无需限制。

3. 欠定位　如果工件加工要求限制的自由度没有得到

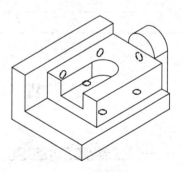

图 6-5　完全定位

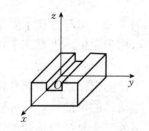

图 6-6　不完全定位示意图

完全限制的定位,称为欠定位。这种定位显然不能保证工件的加工要求,在工件加工中是绝对不允许的。

4. 过定位　工件的同一个自由度被几个定位支承点重复限制的定位,称为过定位。过定位可能导致定位干涉或工件装不上定位元件,进而导致工件或定位元件产生变形、定位误差增大,因此在定位设计中应该尽量避免过定位。但是,由于过定位可以提高工件的局部刚度和工件定位的稳定性,当加工刚性差的工件时,过定位又是必要的。

(二) 常用的定位元件

定位元件的主要技术要求和常用材料如下:

主要技术要求:要有与工件相适应的精度;要有足够的刚度,不允许受力后发生变形;要有耐磨性,以便在使用中保持精度。

常用材料:低碳钢,如 20 钢或 20Cr 钢,工件表面经渗碳淬火,深度 0.8~1.2 mm,硬度 52~60 HRC;高碳钢,如 T7、T8、T10 等,淬硬至 55~65 HRC。此外也有用中碳钢,如 45 钢,淬硬至 43~48 HRC。

定位元件的限位面要与工件的定位面相接触或配合,因此定位元件限位面的形状、尺寸取决于工件定位面的形状和尺寸。按照工件定位面的不同,现对常用定位元件及定位方式进行介绍。

1. 工件以平面定位　平面定位的主要形式是支承定位。支承定位是通过工件的定位基准平面与定位元件表面相接触来实现定位。常见的支承元件有下列几种。

(1) 固定支承:支承的高矮尺寸是固定的,使用时不能调整高度。

① 支承钉:图 6-7 所示为用于平面定位的几种常用支承钉,它们利用顶面对工件进行定位。其中,图 6-7a 所示为平顶支承钉,常用于精基准面的定位;图 6-7b 所示为圆顶支承钉,多用于粗基准面的定位;图 6-7c 所示为网纹顶支承钉,常用在要求较大摩擦力的侧面定位;图 6-7d 所示为带衬套支承钉,由于它便于拆卸和更换,一般用于批量大、磨损快、需要经常修理的场合。支承钉限制一个自由度。

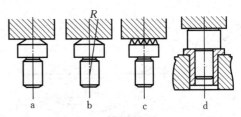

图 6-7　几种常用支承钉
a. 平顶支承钉　b. 圆顶支承钉　c. 网纹顶支承钉
d. 带衬套支承钉

② 支承板:支承板有较大的接触面积,工件定位稳固。一般较大的精基准平面定位多用支承板作为定位元件。两种常用的支承板如图 6-8 所示。图 6-8a 所示为平板式支承板,结构简单、紧凑,但不易清除落入沉头螺孔中的切屑,一般用于侧面定位。图 6-8b 所示为斜槽式支承板,它在结构上做了改进,即在支承面上开两个斜槽为固定螺钉用,使清屑容易,适用于底面定位。短支承板限制一个自由度,长支承板限制两个自由度。

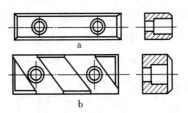

图 6-8　支承板类型
a. 平板式支承板　b. 斜槽式支承板

支承钉、支承板的结构、尺寸均已标准化,设计时可查国家标准手册。

（2）可调支承：可调支承的顶端位置可以在一定的范围内调整。图 6－9 所示为几种常用的可调支承典型结构，按要求高度调整好可调支承螺钉 1 后，用螺母 2 锁紧。可调支承用于未加工过的平面的定位，以调节补偿各批毛坯尺寸误差，一般不是对每个加工工件进行调整，而是一批工件毛坯调整一次。

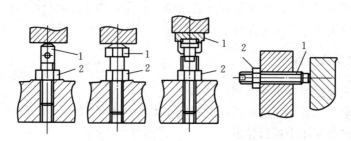

图 6－9　几种常用的可调支承典型结构
1. 可调支承螺钉　2. 螺母

（3）自位支承：自位支承又称浮动支承，在定位过程中，支承本身所处的位置随工件定位基准面的变化而自动调整并与之相适应。图 6－10 所示为几种常用的自位支承结构。尽管每一个自位支承与工件间可能是二点或三点接触，但实质上仍然只起一个定位支承点的作用，只限制工件的一个自由度。自位支承常用于毛坯表面、断续表面、阶梯表面定位。

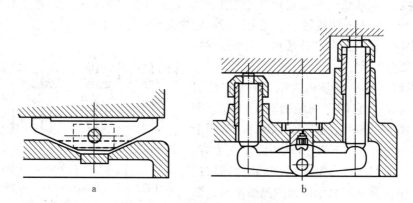

图 6－10　几种常用的自位支承结构
a. 平面自位支承　b. 阶梯面自位支承

（4）辅助支承：辅助支承是在工件实现定位后才参与支承的定位元件，不起定位作用，只能提高工件加工时刚度或起辅助定位作用。

2. 工件以外圆柱面定位　工件以外圆柱面为定位基准时，根据外圆柱面的完整程度、加工要求和安装方式，可以在 V 形块、定位套、半圆套中定位。其中最常用的是在 V 形块上定位。

（1）V 形块：V 形块有固定式和活动式之分。图 6－11 所示为几种固定式 V 形块。图 6－11a 所示结构用于较短的精基准定位，如短圆柱轴；图 6－11b 所示结构用于较长的粗基准（或阶梯轴）定位，如长圆柱轴；图 6－11c 所示结构用于两段精基准面相距较远的场合；图 6－11d 中的 V 形块是在铸铁底座上镶淬火钢垫而成，用于定位基准直径与长度较大的场合。

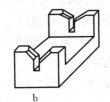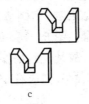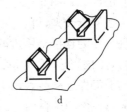

a　　　　　b　　　　　c　　　　　d

图 6-11　几种固定式 V 形块

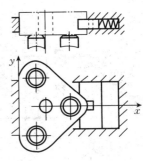

图 6-12 中的活动式 V 形块限制工件在 y 方向上的移动自由度。除定位外，它还兼具夹紧作用。

根据工件与 V 形块的接触母线长度，固定式 V 形块可以分为短 V 形块和长 V 形块。前者限制工件两个自由度，后者限制工件四个自由度。

V 形块定位的优点是：

(1) 对中性好：能使工件的定位基准轴线对中在 V 形块两斜面的对称平面上，使之在左右方向上不会发生偏移，且安装方便。

图 6-12　活动式 V 形块

(2) 应用范围较广：不论定位基准是否经过加工，不论是完整的圆柱面还是局部圆弧面，都可采用 V 形块定位。

V 形块上两斜面间的夹角一般选用 60°、90° 和 120°，其中以 90° 应用最多。其典型结构和尺寸均已标准化，设计时可查国家标准手册。V 形块的材料一般用 20 钢，渗碳深 0.8～1.2 mm，淬火硬度为 52～60 HRC。

(2) 定位套：工件以外圆柱表面为定位基准在定位套内孔中定位，这种定位方法一般适用于精基准定位，如图 6-13 所示。图 6-13a 所示为短定位套定位，限制工件两个自由度，图 6-13b 所示为长定位套定位，限制工件四个自由度。

(3) 半圆套：图 6-14 所示为半圆套结构简图，下半圆起定位作用，上半圆起夹紧作用。图 6-14a 所示为可卸式，图 6-14b 所示为铰链式，后者装卸工件方便些。短半圆套限制工件两个自由度，长半圆套限制工件四个自由度。

3. 工件以圆孔定位　工件以圆孔定位大都属于定心定位（定位基准为孔的轴线）。常用的定位元件有定位销、圆柱心轴、圆锥销、圆锥心轴等。圆孔定位还经常与平面定位联合使用。

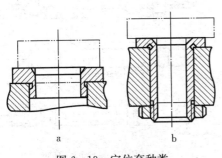

a　　　　　　b

图 6-13　定位套种类
a. 短定位套　b. 长定位套

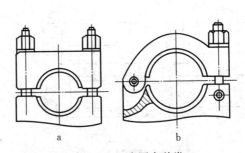

a　　　　　　b

图 6-14　半圆套种类
a. 可卸式半圆套　b. 铰链式半圆套

（1）定位销：图 6-15 所示为几种常用的圆柱定位销，其工作部分直径 d 通常根据加工要求和考虑便于装夹，按 g5、g6、f6 或 f7 制造。图 6-15a、图 6-15b、图 6-15c 所示定位销与夹具体的连接采用过盈配合；图 6-15d 所示为带衬套的可换式圆柱销结构，这种定位销与衬套的配合采用间隙配合，故其位置精度较固定式定位稍低，一般用于大批大量生产中。为便于工件顺利装入，定位销的头部应有 15°倒角。短圆柱销限制工件两个自由度，长圆柱销限制工件四个自由度。

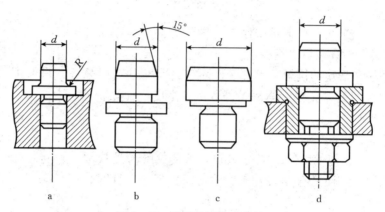

图 6-15　常用的圆柱定位销

a. $d<10$　b. $d=10\sim18$　c. $d>18$　d. $d>10$

（2）圆锥销：在加工套筒、空心轴这类工件时，也经常用到圆锥销（图 6-16）。图 6-16a 中的圆锥销用于粗基准，图 6-16b 中的圆锥销用于精基准。它限制了工件 x、y、z 三个方向的移动自由度。应注意的是，由于工件在单个圆锥销上定位容易倾斜，圆锥销一般与其他定位元件组合定位。

（3）定位心轴：主要用于套筒类和空心盘类工件的车、铣、磨及齿轮加工。常见的有圆柱心轴和圆锥心轴等。

圆柱心轴：图 6-17a 所示为间隙配合圆柱心轴，其定位精度不高，但装卸工件较方便；图 6-17b 所示为过盈配合圆柱心轴，常用于对定心精度要求高的场合；图 6-17c 所示为花键心轴，用于以花键孔为定位基准的场合。当工件孔的长径比 $L/D>1$ 时，工作部分可略带锥度。短圆柱心轴限制工件两个自由度，长圆柱心轴限制工件四个自由度。

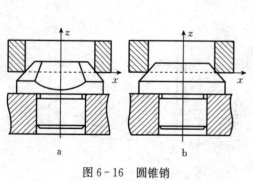

图 6-16　圆锥销

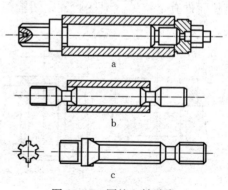

图 6-17　圆柱心轴种类

a. 间隙配合圆柱心轴　b. 过盈配合圆柱心轴　c. 花键心轴

圆锥心轴：以工件上的圆锥孔在圆锥心轴上定位。这类定位方式是圆锥面与圆锥面接触，要求锥孔和圆锥心轴锥度相同、接触良好，因此定心精度与角向定位精度均较高，而轴向定位精度取决于工件孔和心轴的尺寸精度。圆锥心轴限制工件的五个自由度，即除绕轴线转动的自由度外，其他自由度均已限制。

4. 工件以组合表面定位　在实际加工过程中，工件往往不是采用单一表面的定位，而是以组合表面定位。常见的有平面与平面组合、平面与孔组合、平面与外圆柱面组合、平面与其他表面组合、锥面与锥面组合等。

例如，在加工箱体工件时，往往采用一面两孔组合定位。所谓一面两孔组合定位是指定位基准采用一个大平面和该平面上轴线与之垂直的两个孔来进行定位。如果该平面上没有合适的孔，常把连接用的螺钉孔的精度提高或专门做出两个工艺孔以备定位用。工件以一面两孔定位所采用的定位元件是"一面两销"，故亦称一面两销定位。为了避免采用两短圆销所产生的过定位干涉，可以将一个圆销削边。这样，可以既保证没有过定位，又不增大定位时工件的转角误差。如图 6-18 所示，夹具上的支承面限制 z 方向移动、x 方向旋转和 y 方向旋转三个自由度；短圆销限制 x、y 两个方向的移动自由度；削边销限制 z 方向的旋转自由度，属完全定位。

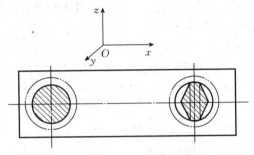

图 6-18　一面两销定位

二、工件的安装

工件的安装直接影响加工精度、加工效率、劳动者的劳动强度。

加工时，首先工件需要定位，然后再夹紧。在加工过程中要保持正确的位置不变，才能得到所要求的尺寸精度，因此必须把工件夹住，这就是夹紧。工件从定位到夹紧的整个过程称为工件的安装或装夹。定位保证工件的位置正确，夹紧保证工件的正确位置不变。正确的安装是保证工件加工精度的重要条件。

根据生产类型和条件的不同，工件的安装有直接找正安装、划线找正安装和用夹具安装。

1. 直接找正安装　在直接找正安装中，工件的定位是由操作工人利用千分表、划针等工具直接找正某些表面，以保证被加工表面位置的精度。因此定位精度不稳定，与工人技术水平有关。直接找正安装因其生产率低，多用于修理和单件、小批量生产。定位精度也与找正所用的工具精度有关，定位精度要求特别高时往往用精密量具。特点是安装费时，效率低；可避免夹具本身制造误差带来的定位误差。

2. 划线找正安装　对重、大、复杂工件的加工，往往是在待加工处划线，然后装上机床，按所划的线进行找正定位。划线找正安装生产率低，定位精度也低，定位误差主要来源于划线误差和观察误差。多用于单件、小批量生产中。

3. 用夹具安装　用夹具安装时，由于工件相对夹具的位置是一定的，而夹具与机床的位置关系已预先调整好，这样，在切削一批工件时，不必再逐个找正定位，就能达到规定的技术要求。

这种方法安装迅速方便、定位可靠，广泛应用于成批和大量生产中。例如，加工齿轮齿形时，就可以齿轮内孔作为定位基准，以齿轮夹具中的心轴作为定位元件，夹紧工件进行加工，用以保证齿轮加工精度要求。

在新产品试制和单件、小批量生产中，已广泛使用组合夹具。

三、机床夹具

1. 机床夹具概述　夹具是一种装夹工件的工艺装备，广泛应用于机械制造过程的切削加工、热处理、装配、焊接和检测等工艺过程中。利用夹具，可以提高劳动生产率，提高加工精度，减少废品；可以扩大机床的工艺范围，改善操作的劳动条件。因此，夹具是机械制造中的一项重要的工艺装备。

机床夹具通过使工件在机床上相对于刀具占有正确位置的过程——定位，以及克服切削过程中工件受外力的作用保持工件准确位置的过程——夹紧，来实现工件装夹。定位和夹紧两个过程的综合称为装夹，完成工件装夹的工艺装备称为机床夹具。

在现代生产中，机床夹具是一种不可缺少的工艺装备。它直接影响加工精度、劳动生产率和产品的制造成本等，故机床夹具设计在企业的产品设计和制造以及生产技术准备中占有极其重要的地位。

2. 夹具组成

（1）定位元件：与工件的定位基准相接触，确定工件在夹具中的正确位置，比如图6-19中的圆柱销5。

（2）夹紧装置：用于夹紧工件的装置。作用是将工件压紧夹牢，保证工件在加工过程中受到外力作用时不离开已经占据的正确位置，比如图6-19中的螺母7。

（3）对刀元件：用于确定夹具与刀具的相对位置。

（4）夹具体：用于连接夹具各元件及装置，使其成为一个整体的基础件。它与机床相结合，使夹具相对机床具有确定的位置。

（5）其他元件及装置：有些夹具根据工件的加工要求，要有分度机构、靠模装置、上下料装置和平衡块等。铣床夹具还要有定位键等。

任何夹具都必须有定位元件和夹紧装置，它们是保证工件加工精度的关键，作用是使工件"定准、夹牢"。

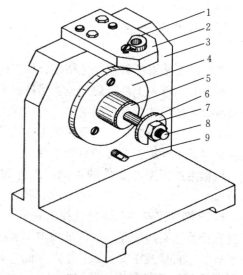

图6-19　钻夹具组成
1. 钻套　2. 钻模板　3. 夹具体　4. 支承板
5. 圆柱销　6. 开口垫圈　7. 螺母　8. 螺杆　9. 菱形销

3. 夹具分类　根据在不同生产类型中的通用结构，夹具可分为通用夹具、专用夹具、可调夹具、组合夹具、自动线夹具五大类；按使用机床的不同，夹具可分为车床夹具、铣床夹具、钻床夹具、镗床夹具、磨床夹具、齿轮机床夹具和其他机床夹具等；按动力来源的不同，夹具可分为手动夹具、气动夹具、液压夹具、气液增力夹具、电磁夹具、真空夹具、离心夹具等。

（1）通用夹具：已经标准化、无需调整或稍加调整就可以用来装夹不同工件的夹具，如三爪卡盘、四爪卡盘、平口虎钳和万能分度头等。这类夹具主要用于单件、小批量生产。

（2）专用夹具：专门为某工件的某工序设计和制造的专用夹具。其结构简单、紧凑，操作迅速方便，因为设计和制造的周期较长，所以成本较高。当产品变更时，因无法使用而报废，因此专用夹具适用于产品固定的成批或大量生产中。

（3）可调夹具：针对通用夹具和专用夹具的缺陷而发展起来的一类新型夹具。相比之下，可调夹具加工对象则不是很明显，它的适用范围更广泛一些。这类夹具的特点是部分元件可以更换，部分装置可以调整，从而适应多品种和中小批量工件的加工。

（4）组合夹具：一种模块化夹具。标准的模块元件具有较高的精度和耐磨性，可组装成各种夹具，用后可拆洗，留用待组装成新的夹具。组合夹具具有令生产准备周期缩短、元件重复使用、减少专用夹具的数量等优点，适用于多品种单件、小批量生产。组合夹具也已经商品化。

（5）自动线夹具：分为随行夹具和固定夹具。前者在使用中随着工件一起运动，承担着沿生产线运输工件的任务；后者与专用夹具相似。

4. 夹紧装置的组成和要求 夹紧是工件装夹过程中的重要组成部分。工件定位后必须通过一定的机构产生夹紧力，把工件压紧在定位元件上，使其保持准确的定位位置，不会由于切削力、工件重力、离心力或惯性力等而产生位置变化和振动，且夹紧力既不能太大，也不能太小，这种产生夹紧力的机构称为夹紧装置。夹紧装置在设计和使用过程中，既要保证加工质量，又要讲究效率和经济性。

（1）夹紧装置的组成：机械加工中所使用的夹具一般都必须配有夹紧装置。在大型工件上钻小孔时，可不单独设计夹紧装置。

夹紧装置分为手动夹紧和机动夹紧两大类。根据结构特点及功用，典型夹紧装置由三部分组成，即力源装置、传力机构和夹紧元件。

力源装置：产生夹紧作用力的装置。

传力机构：传递力的机构。传力机构可改变作用力的方向、大小，且具有一定的自锁性能，以保证夹紧可靠。

夹紧元件：直接与工件接触实现夹紧作用的元件。

（2）夹紧装置设计的基本要求：

① 夹紧时不破坏工件定位后的正确位置，即要稳。

② 夹紧力大小要适当，即要牢。

③ 夹紧动作要迅速、可靠，即要快。

④ 结构紧凑，易于制造与维修。

夹紧装置设计和选择的核心问题是夹紧力的大小、方向和作用点。

5. 夹紧力三要素设计原则

（1）夹紧力的方向：夹紧力的方向选取考虑三方面：

① 工件用几个表面作为定位基准。大型工件为保持工件的正确位置，朝向各定位元件

都要有夹紧力；小型工件尺寸，则只要垂直朝向主定位面有夹紧力，保证主要定位面与定位元件有较大的接触面积，就可以使工件装夹稳定可靠。

② 夹紧力的方向应方便装夹和有利于减小夹紧力。夹紧力 Q、重力 G、切削力 F 三者之间的方向组合关系见图 6-20。

③ 夹紧力的方向应使工件夹紧后的变形小。工件在不同方向上刚性不同，因此对工件在不同方向施加相同夹紧力时所产生的变形也不同。薄壁件夹紧方法如图 6-21 所示。

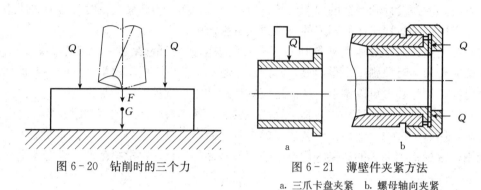

图 6-20　钻削时的三个力　　图 6-21　薄壁件夹紧方法

a. 三爪卡盘夹紧　b. 螺母轴向夹紧

（2）夹紧力的作用点：夹紧力方向确定后，夹紧力作用点的位置和数目的选择将直接影响工件定位后的可靠性和夹紧力的变形。对作用点位置的选择和数目的确定应注意以下几个方面：

① 力的作用点的位置应能保持工件的正确定位且不发生位移或偏转。为此，作用点的位置应靠近支承面的几何中心，使夹紧力均匀分布在接触面上，见图 6-22a、图 6-22b。

② 夹紧力的作用点应位于工件刚性较大处，且作用点应有足够的数目，这样可使工件的变形量最小，如图 6-22c、图 6-22d 所示。

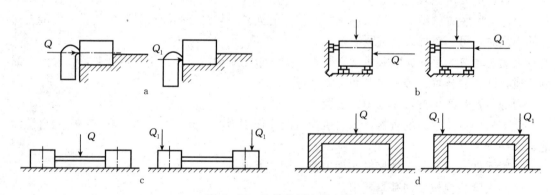

图 6-22　力的作用点的布置

Q 为不恰当作用点位置处，Q_1 为恰当作用点位置处

③ 夹紧力的作用点应尽量靠近工件被加工表面，这样可使切削力对该作用点的力矩减小，同时减小工件的振动。若加工面远离夹紧作用点，可增加辅助支承并附加夹紧力以防止工件在加工中产生位置变动、变形或振动，如图 6-23 所示。

（3）夹紧力的大小：对工件所施加的夹紧力，大小要适当。夹紧力过大，会引起工件变形；夹紧力过小，易破坏定位。

进行夹紧力计算时，通常将夹具和工件看作一刚性系统，以简化计算。工件在切削力、夹紧力（重型工件要考虑重力，高速时要考虑惯性力）作用下处于静力平衡，故列出静力平衡方程式，即可算出理论夹紧力。

为安全起见，计算出的夹紧力应乘以安全系数 K，故实际夹紧力一般比理论计算值大2～3倍。

6. 常用的夹紧装置　夹具中常用的夹紧装置有楔块、螺旋、偏心轮等，它们都是根据斜面夹紧原理夹紧工件。下面分别介绍各种夹紧装置的结构、夹紧力的计算和它们的特性。

（1）楔块夹紧装置：楔块夹紧装置见图6-24，主要用于增大夹紧力或改变夹紧力方向。楔块夹紧常与杠杆、压板、螺旋等组合使用。

特点：有增力作用；夹紧行程小；结构简单，但操作不方便。

① 楔块夹紧力的计算：楔块夹紧力分析见图6-25。楔块在原始力 P、工件给楔块的作用力 Q、夹具体给楔块的作用力 R 的作用下，处于平衡状态。当工件被夹紧时，P、Q、R 三力合成，计算出楔块对工件所产生的夹紧力 Q 为

$$Q=\frac{P}{\tan \varphi_2+\tan (\alpha+\varphi_1)} \quad (6-2)$$

式中　α——楔块升角，通常取6°～10°；

　　　φ_1——斜楔与工件的摩擦角；

　　　φ_2——斜楔与夹具体的摩擦角；

　　　F——摩擦力；

　　　Q——夹紧力。

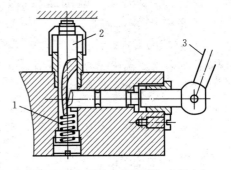

图6-23　辅助支承及附加夹紧力
1. 弹簧　2. 支承销　3. 手柄

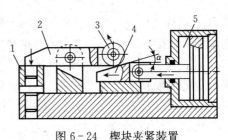

图6-24　楔块夹紧装置
1. 工件　2. 压板　3. 滚轮　4. 斜楔　5. 气缸活塞

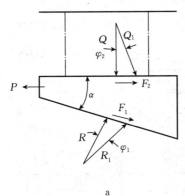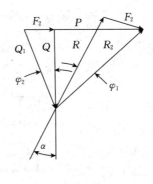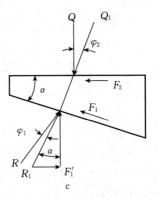

　　　　　　a　　　　　　　　　　b　　　　　　　　　　c

图6-25　楔块夹紧力分析

注：R 表示作用在斜楔面的力；R_1 表示 R 沿摩擦角 φ_1 分力；F_1 表示斜楔与夹具体之间的摩擦力；F_2 表示斜楔与工件之间的摩擦力；F_1' 表示 F_1 沿楔进方向分力；Q_1 表示 Q 沿摩擦角 φ_2 分力。

工件、夹具体与楔块的摩擦系数 f 一般取 $0.1\sim0.15$，故相应的摩擦角 φ_1、φ_2 为 $5°45'\sim8°30'$。

② 楔块的自锁条件：当原始力 P 撤除后，楔块在摩擦力的作用下仍然不会松开工件的现象称为自锁。楔块在力 Q、R 作用下平衡，此时摩擦力的方向与楔块松开的趋势相反。图 6-25c 所示自锁的条件应该为

$$\alpha\leqslant\varphi_1+\varphi_2 \tag{6-3}$$

若 $\varphi_1=\varphi_2=\varphi$，$f=0.1\sim0.15$，则 α 应为 $11.5°\sim17°$，为安全起见一般取 $10°\sim15°$ 或更小些。

③ 传力系数：夹紧力与原始力之比称为传力系数，以 i_p 表示。则

$$i_p=\frac{Q}{P}=\frac{1}{\tan\varphi_2+\tan(\alpha+\varphi_1)} \tag{6-4}$$

从式（6-4）可以看出，楔块升角 α 越小，i_p 就越大；当原始力 P 一定时，α 越小则夹紧力 Q 就越大，但同时楔块的工作长度加大致使结构不紧凑，夹紧速度变慢。因此楔块夹紧装置常用在工件尺寸公差较小的机动夹紧装置中。

④ 楔块的尺寸及材料：α 确定后，楔块工作长度应满足夹紧要求，厚度应保证热处理时不变形，小头厚度应以大于 5 mm 为宜。楔块材料一般用 20 钢或 20Cr，渗碳厚度为 $0.8\sim1.2$ mm，热处理硬度为 $56\sim62$ HRC，工作表面粗糙度 Ra 值为 $1.6\ \mu m$。

（2）螺旋夹紧装置：螺旋夹紧装置是从楔块夹紧装置转化而来的，相当于把楔块绕在圆柱体上，转动螺旋时即可夹紧工件。图 6-26 所示为螺旋夹紧装置。

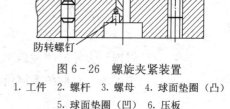

图 6-26　螺旋夹紧装置
1. 工件　2. 螺杆　3. 螺母　4. 球面垫圈（凸）
5. 球面垫圈（凹）　6. 压板

特点：

① 夹紧结构简单，夹紧可靠，在夹具中得到广泛应用。

② 螺旋夹紧力比斜楔夹紧力大，且螺旋夹紧行程不受限制，故在手动夹紧中应用极广。

③ 螺旋夹紧动作慢，辅助时间长，效率低。在实际生产中，螺旋压板组合夹紧比单螺旋夹紧应用更为普遍。

（3）偏心轮夹紧装置：偏心轮夹紧装置是将楔块包在圆盘上，旋转圆盘使工件得以夹紧。偏心轮夹紧经常与压板联合使用，如图 6-27 所示。常用的偏心轮有圆偏心轮和曲线偏心轮两类。曲线偏心轮采用阿基米德曲线或对数曲线。这两种曲线的优点是升角变化均匀或不变，可使工件夹紧稳定可靠，但制造困难，故使用较少。

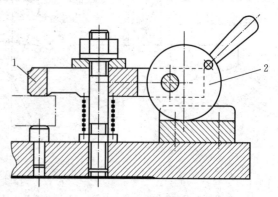

图 6-27　偏心轮夹紧装置与压板联合使用
1. 压板　2. 偏心轮

圆偏心轮制造容易，因而使用较广。下面介绍圆偏心轮夹紧装置。

圆偏心轮夹紧装置特点：由于圆偏心轮夹紧时的夹紧力小，自锁性能不是很好，且夹紧行程小，故多用于切削力小、无振动、工件尺寸公差不大的场合，但是圆偏心轮夹紧机构是一种快速夹紧机构。

圆偏心轮夹紧原理见图 6-28。圆偏心轮直径为 D，几何中心为 O_1，回转中心为 O，偏心距为 e，虚线圆为基圆（直径为 $D-2e$），圆偏心轮就相当于绕在基圆盘上的楔块。偏心轮顺时针转动时，楔块楔进基圆盘和工件中间，使工件得以夹紧。

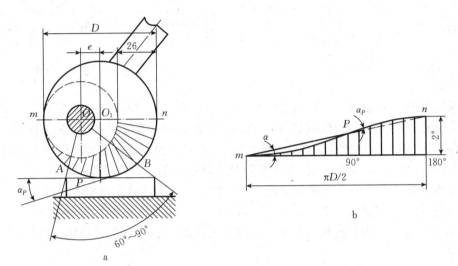

图 6-28　圆偏心轮夹紧原理

注：α 表示偏心轮的楔角；α_P 表示偏心轮 P 点的楔角。

若将偏心轮的工作部分弧展开，就可得到一个具有曲线斜边的楔块。从图 6-28 中看出，斜面上各点的斜率（即升角）是变化的，而在 P 点（展开图为 90°的点）附近变化较小。为使偏心轮工作稳定可靠，常取 P 点左右夹角为 30°～45°的一段圆弧为工作部分，也就是弧 APB 为 60°～90°。

四、工艺基准

1. 基准的基本概念　基准就是工件上用来确定其他点、线或面位置的点、线或面等几何要素。根据功用的不同，基准可以分为设计基准和工艺基准两大类。

（1）设计基准：在工件设计图上用以确定其他点、线、面位置的基准（点、线、面）称为设计基准。设计基准可以从工件的作用和尺寸的标注中分析出来。它是标注设计尺寸的起点。例如，图 6-29 所示齿轮内孔 $\phi35H7$ 的轴线是小外圆 $\phi50$，齿顶圆 $\phi88h10$，两端面跳动、径向跳动的设计基准。

（2）工艺基准：在工件加工、测量和装配过程中所使用的基准称为工艺基准。工艺基准又可分为工序基准、定位基准、测量基准、装配基准。

① 工序基准：是在工序图上用来确定本工序中工件加工表面尺寸、形状和位置所依据的基准，如图 6-30 所示。为消除基准不重合误差，应尽量使工序基准和设计基准重合。

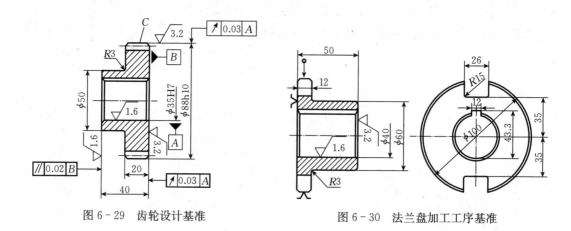

图 6-29　齿轮设计基准　　　　　图 6-30　法兰盘加工工序基准

② 定位基准：是指在工件加工过程中，用于确定工件在机床或夹具上位置的基准。它是工件上与夹具定位元件直接接触的点、线或面。作为设计基准的点、线和面在实际工件上不一定存在（如轴和孔的轴线、槽的对称面等），此时需要用工件上实际存在的面对工件定位，这些面称为定位基准面。定位基准必须是实际存在的。定位基准面所产生的定位基准与设计基准间的位置差值就是定位误差。如在图 6-31 中，精车齿轮的大外圆时，为了保证它们对孔轴线 A 的圆跳动要求，工件以精加工后的孔定位安装在锥度心轴上，孔的轴线 A 为定位基准（实际是齿轮内孔表面体现其轴线的位置）。在工件制造过程中，定位基准很重要。

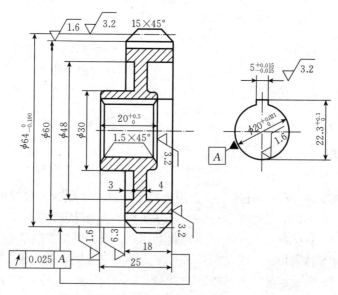

图 6-31　齿轮定位基准

③ 测量基准：是工件在加工中和加工后，测量尺寸、形位误差时所依据的基准，主要用于工件的检验。同样，测量基准不一定和设计基准重合，测量基准面与设计基准面间的位置差值就是测量原理误差。

④ 装配基准：是指机器装配时用以确定工件或部件在机器中正确位置的基准。

2. 定位基准的选择　合理选择定位基准，对保证加工精度、安排加工顺序和提高加工生产率有着重要的影响。定位基准有定位精基准和定位粗基准之分。定位精基准简称精基准，是用加工过的表面作为定位基准。定位粗基准简称粗基准，是用毛坯上未加工过的表面作为定位基准。

有时，当工件上没有合适的表面作为定位基准时，就需要在工件上专门加工出定位面，称为辅助基准，如轴类工件上的中心孔等。

选择定位基准的总原则应该是从有位置精度要求的表面中进行选择，要达到此要求，在设计阶段就应该先选精基准、后选粗基准，但在工件的实际加工中则是先使用粗基准、后使用精基准。

(1) 粗基准的选择：选择粗基准时，主要考虑如何保证加工面都能分配到合理的加工余量，以及加工面与不加工面之间的位置尺寸和位置精度，同时还要为后续工序提供可靠的精基准。具体选择时一般遵循下列原则：

① 为保证工件上加工表面与不加工表面之间的位置要求，应选择不加工表面作为粗基准。若工件上有多个不加工表面，要选择其中与加工表面的位置精度要求较高的表面作为粗基准。如图 6 - 32 所示，铸件毛坯孔 B 与外圆有偏心。若以不加工的外圆面 A（图 6 - 32a）为粗基准加工孔 B，加工余量不均匀，但加工后的孔 B 与不加工的外圆面 A 基本同轴，较好地保证了壁厚均匀。若选择孔 B 作为粗基准加工（图 6 - 32b），加工余量均匀，但加工后内孔与外圆不同轴，壁厚不均匀。

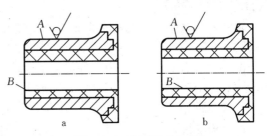

图 6 - 32　粗基准的选择

② 为保证工件某重要表面的加工余量均匀，应以该表面为粗基准。图 6 - 33 所示为机床导轨的加工。在铸造时，导轨面向下放置，使其表层金属组织细致均匀，没有气孔、夹砂等缺陷，加工时要求只切除一层薄而均匀的余量，保留组织细密耐磨的表层，且达到较高的加工精度。因此，先以导轨面为粗基准加工床脚平面，然后以床脚平面为精基准加工导轨面。

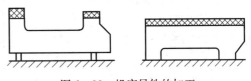

图 6 - 33　机床导轨的加工

③ 若工件上所有的表面都需要机械加工，则应以加工余量最小的加工表面作为粗基准，以保证加工余量最小的表面有足够的加工余量。

④ 为保证工件定位稳定、夹紧可靠，应尽可能选用面积较大、平整光洁的表面作为粗基准。应避免使用有飞边、浇注系统、冒口或其他缺陷的表面作为粗基准。

⑤ 粗基准一般只能用一次，重复使用容易导致较大的基准位移误差。

(2) 精基准的选择：选择精基准时，应从整个工艺过程来考虑如何保证工件的尺寸精度和位置精度，并使工件装夹方便可靠。一般要遵循以下几个原则：

① 基准重合原则：主要考虑减少因基准不重合而引起的定位误差，即选择设计基准作为定位基准，尤其是在最后的精加工。如图 6-34 所示，在支架工件，孔的设计基准是平面 1，定位基准则是底平面 2，定位基准与设计基准不重合，存在基准不重合误差 δ_B。采用平面 1 定位则定位基准与设计基准重合，消除了基准不重合误差 δ_B。

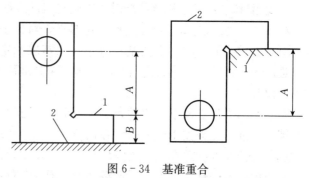

图 6-34　基准重合

② 基准统一原则：在工件的整个加工过程中尽可能地采取统一的定位基准，即采用基准统一原则，便于保证各加工表面间的位置精度。这样可避免由基准转换所产生的误差，并简化夹具的设计和制造。如轴类工件用两个顶尖孔作为精基准；齿轮等圆盘类工件用其端面和内孔作为精基准等。

③ 互为基准原则：为了使加工面获得均匀的加工余量和较高的位置精度，可采用加工面间互为基准、反复加工的原则。例如加工精密齿轮时，通常是齿面淬硬后再磨齿面及内孔。由于齿面磨削余量小，为了保证加工要求，先以齿面为基准磨内孔，再以内孔为基准磨齿面，这样不但使齿面磨削余量小而均匀，而且能较好地保证内孔与齿切圆有较高的同轴度。

④ 自为基准原则：有些精加工工序为了保证加工质量，要求加工余量小而均匀，采用加工表面本身作为定位基准，即自为基准原则。例如磨削床身的导轨面时，就是以导轨面本身作为定位基准。此外，用浮动铰刀铰孔、浮动镗刀镗孔、圆拉刀拉孔、无心磨床磨外圆表面等，均是以加工表面本身作为定位基准的实例。但采用自为基准原则，不能校正位置精度，只能保证被加工表面的余量小而均匀，因此，表面的位置精度必须在前面的工序中予以保证。

（3）辅助基准：在精加工过程中，如定位基准面过小或者基准面和被加工面位置错开了一个距离而使定位不可靠，常常要采取辅助基准。辅助支承和辅助基准虽然都是在加工时起增加工件刚性的作用，但两者有本质区别。辅助支承仅起支承作用，但辅助基准既起支承作用，又起定位作用。

第四节　机械加工工艺规程的制定

一、机械加工工艺规程

为保证产品质量及提高生产效率和经济效益，根据具体生产条件拟定的较合理的工艺过程，用图表（或文字）的形式写成的工艺文件称为工艺规程。它是生产准备、生产计划、生产组织、实际加工及技术检验的重要技术文件，是进行生产活动的基础资料。

制定机械加工工艺规程的原则是优质、高产、低成本，即在保证产品质量的前提下，争取更好的经济效益，具体包括以下几个方面：

① 保证产品加工质量。

② 保证经济上的合理性。

③ 保证安全良好的工作条件。

④ 立足实际、不断完善工艺规程。

机械加工工艺规程是组织生产的主要依据，是工厂的纲领性文件。制定机械加工工艺规程时要以以上原则为依据，主要步骤如下：

① 分析产品装配图和工件图。对工件进行工艺分析，形成拟定工艺规程的总体思路。

② 由工件生产纲领确定工件的生产类型。

③ 确定毛坯的制造方法。主要依据是生产纲领以及工件本身结构特点。

④ 拟定工件加工工艺路线。确定各个表面加工方法，选定定位基准，划定加工阶段。一般要同时提出几个方案，将之进行对比分析，从中选出一个最佳的方案。

⑤ 确定各工序所用的机床设备和工艺装备（含刀具、夹具、量具、辅具等）。设备和工装的确定与工件的生产纲领、加工质量、结构特点相对应。

⑥ 确定各工序的加工余量，计算工序尺寸和公差。

⑦ 确定各工序的技术要求和检测方法。

⑧ 确定各工序的切削用量和工时定额。工时定额可通过计算和统计资料来确定，小批量加工时多由操作者自行决定。

⑨ 编制工艺文件。

1. 工件的工艺分析　拟定工艺规程时，应熟悉该产品的用途、性能及工作条件，明确该工件在产品中的位置和作用；了解并研究各项技术条件制定依据，找出其主要技术要求和技术关键，以便在拟定工艺规程时采用适当的措施加以保证。对工件进行工艺分析，主要内容如下：

① 检查工件图纸是否完整和正确：例如视图是否足够、正确，所标注的尺寸、公差、粗糙度和技术要求等是否齐全与合理。分析工件主要表面的精度、表面质量、技术要求等在现有的生产条件下能否达到生产要求，以便采取适当的措施。

② 审查工件材料是否合理：材料选择应立足我国实际情况，尽量采用资源丰富的材料，不宜采用贵重材料。还要分析材料是否会使加工工艺变得困难。

③ 审查工件结构工艺性：如工件结构工艺是否符合工艺原则要求，现有条件是否能经济、高效、合格地将工件加工出来。

如有问题，应与设计人员交流沟通，按规定程序对原图纸和方案进行必要的修改或补充。

2. 毛坯的选择及加工余量的确定

（1）毛坯的选择：一般工件图仅标注工件的材料，对于个别重要的工件除明确标注材料外还应该指出毛坯的种类和有关的热处理方式。因此机械加工工艺设计人员要能根据工件的图纸要求和工件的生产纲领选择毛坯的种类和毛坯的制造方式。机械加工中常用的毛坯有铸件、锻件、型材、焊接件和冲压件等，选用时要考虑以下因素：

① 工件图的要求。

② 工件的力学性能。

③ 工件的结构形状。

④ 生产类型。

（2）加工余量的概念：在机械加工过程中从加工表面切除的金属层厚度称为加工余量。

加工余量分为工序余量和加工总余量。工序余量是指为完成某一道工序所必须切除的金属层厚度，即相邻两工序的工序尺寸之差。加工总余量是指由毛坯变为成品的过程中，在某加工表面上所切除的金属层总厚度，即毛坯尺寸与工件图设计尺寸之差。加工总余量等于各工序余量之和。

根据工件的不同结构，加工余量有单边和双边之分。对于平面（或非对称面），加工余量单向分布，称为单边余量；对于外圆和内孔等回转表面，加工余量在直径方向上是对称分布的，称为双边余量。

毛坯尺寸和各工序尺寸不可避免地存在公差，因此实际上无论是加工总余量还是工序余量都是变动值，因而加工余量又有基本余量、最大余量和最小余量之分。通常所说的加工余量是指基本余量。工序余量的公差标注应遵循入体原则（图 6-35），即"毛坯尺寸按双向标注上、下偏差；被包容面尺寸上偏差为零，也就是基本尺寸为最大极限尺寸（如轴）；包容面尺寸下偏差为零，也就是基本尺寸为最小极限尺寸（如内孔）"。

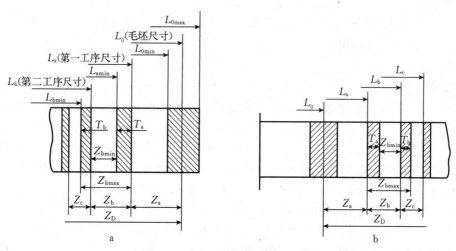

图 6-35　加工余量及其公差

a. 被包容面加工余量及公差　b. 包容面加工余量及公差

加工过程中，工序完成后的工件尺寸称为工序尺寸。由于存在加工误差，各工序加工后的尺寸也有一定的公差，称为工序公差。工序公差带的布置也采用入体原则。

在工件上留有加工余量的目的是切除上一道工序留下来的加工误差和表面缺陷，如铸件表面的硬质层、夹砂层、气孔等，锻件和热处理件表面的氧化层、脱碳层、表面裂纹等，以保证获得所需的表面质量和精度。

（3）加工余量的确定：在选择了毛坯，拟定好加工工艺路线之后，就需确定加工余量，计算各工序的工序尺寸。加工余量大小与加工成本有密切关系。加工余量过大不仅浪费材料，而且增加切削工时，增大刀具和机床的磨损，从而增加成本；加工余量过小，会使前一道工序的缺陷得不到纠正，造成废品，从而也使成本增加。因此，合理地确定加工余量，对提高加工质量和降低成本都有十分重要的意义。

确定加工余量的方法有 3 种：分析计算法、经验估算法和查表修正法。

① 分析计算法：本方法是根据有关加工余量计算公式和一定的试验资料，对影响加工余量的各项因素进行分析和综合计算来确定加工余量。用这种方法确定加工余量比较经济合理，但必须有比较全面和可靠的试验资料。这种方法只在材料十分贵重，以及军工生产或少数大量生产的工厂中采用。

② 经验估算法：本方法是根据工厂的生产技术水平，依靠实际经验确定加工余量。为防止因余量过小而产生废品，经验估计的数值总是偏大。这种方法常用于单件、小批量生产。

③ 查表修正法：本方法是根据各工厂长期的生产实践与试验研究所积累的有关加工余量数据，制成各种表格并汇编成手册，通过查阅这些相关手册，再结合本厂的实际情况进行适当修正来确定加工余量。此法应用较为普遍。

二、工艺路线的拟定

工艺路线的拟定是制定工艺规程的核心工作。它的制定是否合理，直接影响工艺规程的合理性、经济性和科学性。拟定工艺路线的主要内容包括选择各加工表面的加工方法、划分加工阶段、确定工序的分散与集中程度、安排工序的前后顺序、确定工序尺寸及其公差以及选定机床和工艺装备等。

1. 选择表面加工方法　表面加工方法，一般根据经验和查表来确定，再结合实际情况和工艺试验进行修改，应同时满足加工质量、生产率、经济性等要求。具体选择时应考虑以下几个方面：

（1）在保证按照合同期完工的条件下，应采用经济加工精度方案进行加工。

（2）在工件主要表面和次要表面的加工方案中，首先保证主要表面的加工。根据主要表面的尺寸、精度和表面加工质量，初步确定主要表面的最终加工方法，然后再逐一确定该表面前道工序的加工方法，接着再选择次要表面的加工方法。

（3）工件表面的加工方法应和工件的材料、外形、尺寸、质量等尽可能一致。例如，小孔一般用铰削，非圆的通孔一般用拉削，箱体上的孔一般用镗削，等等。

总之在选用加工方法时，要综合考虑工件材料、结构形状、尺寸大小、热处理要求、加工经济性、生产效率、生产类型和企业生产条件等各个方面的情况。充分利用和平衡现有设备，平衡设备负荷，合理安排确定加工方法。

2. 加工阶段的划分　工件加工质量要求较高时，都应划分加工阶段。一般划分为粗加工、半精加工、精加工三个阶段。当工件的精度要求特别高、表面粗糙度质量要求高时，还应增加光整加工或超精密加工阶段。各阶段的主要任务如下：

（1）粗加工阶段：目的是切除各加工面或主要加工面的大部分加工余量，使毛坯形状和尺寸接近成品，为后续工序留有加工余量，并加工出精基准。

（2）半精加工阶段：目的是切除粗加工后可能产生的缺陷，为主要表面的精加工做准备，即要达到一定的加工精度，保证适当的加工余量，并完成一些次要表面的加工。

（3）精加工阶段：保证工件各主要表面达到图样规定的技术要求。

（4）光整加工阶段：目的是提高工件的尺寸精度、形状精度，降低表面粗糙度。主要用于表面粗糙度要求很高（IT6 以上，表面粗糙度 Ra 值 $\leqslant 0.32~\mu m$）的表面加工。

（5）超精密加工阶段：超精密加工是亚微米级加工，其加工精度为 $0.2 \sim 0.03~\mu m$，表面粗糙度 Ra 值 $\leqslant 0.03~\mu m$。

将工件加工划分加工阶段的原因是：

① 保证加工质量的需要：工件在粗加工时，由于要切除掉大量金属，会产生较大的切削力和较多的切削热，同时也需要较大的夹紧力。在这些力和热的作用下，工件会产生较大的变形。而且经过粗加工后工件的残余应力要重新分布，也会使工件发生变形。如果不划分加工阶段而连续加工，就无法避免和修正上述因素所引起的加工误差。加工阶段划分后，粗加工造成的误差，通过半精加工和精加工可以得到修正，并逐步提高工件的加工精度和表面质量，利于保证工件的加工要求。

② 合理使用机床设备的需要：粗加工一般要求功率大、刚性好、生产率高而精度不高的机床设备。而精加工需采用精度高的机床设备。划分加工阶段后就可以充分发挥粗、精加工设备各自性能的特点，避免"以粗干精"，做到合理使用设备。这样不但可提高粗加工的生产效率，而且也有利于保持精加工设备的精度和使用寿命。

③ 及时发现毛坯缺陷：毛坯上的各种缺陷（如气孔、砂眼、夹渣或加工余量不足等），在粗加工后即可被发现，便于及时修补或决定报废，避免继续加工后造成工时和加工费用的浪费。

④ 便于安排热处理：热处理工序使加工过程划分成几个阶段，如精密主轴在粗加工后进行去除应力的人工时效处理，半精加工后进行淬火，精加工后进行低温回火和冰冷处理，最后再进行光整加工。这几次热处理就把整个加工过程划分为粗加工、半精加工、精加工、光整加工阶段。

在工件工艺路线拟定时，一般应遵守划分加工阶段这一原则，但具体应用时还要根据工件的情况灵活处理。例如，对于精度和表面质量要求较低，而刚性足够、毛坯精度较高、加工余量小的工件，可不划分加工阶段。又如，对一些刚性好的重型工件，由于装夹、吊运很费时，也往往不划分加工阶段而在一次安装下完成粗、精加工。

还需指出的是，将工艺过程划分成几个加工阶段是对整个加工过程而言的，不能单纯从某一表面的加工或某一工序的性质来判断。例如，工件的定位基准在半精加工阶段甚至在粗加工阶段就需要加工得很准确，而在精加工阶段中安排某些钻孔之类的粗加工工序也是常有的。

3. 工序的集中与分散 在选定了各表面的加工方法和划分加工阶段之后，就可以按工序集中原则和工序分散原则拟定工件的加工工序。

（1）工序集中原则：工件的加工集中在少数工序内，而每一道工序的加工内容却比较多。其特点是：

① 有利于采用高生产率的专用设备和工艺装备，如采用多刀机床、多轴机床、数控机床和加工中心等，从而大大提高生产率。

② 减少了工序数目，缩短了工艺路线，从而简化了生产计划和生产组织工作。

③ 减少了设备数量，相应地减少了操作工人所需人数和生产面积。

④ 减少了工件安装次数，缩短了辅助时间。而且在一次安装下能加工较多的表面，也易于保证这些表面的相对位置精度。

⑤ 专用设备和工艺装置复杂，生产准备工作和投资都比较大，尤其是转换新产品比较困难。

（2）工序分散原则：整个工艺过程中工序数量多，而每一道工序的加工内容则比较少。其特点是：

① 设备和工艺装备结构都比较简单，调整方便，对工人的技术水平要求低。

② 可采用最有利的切削用量，减少机动时间。

③ 容易适应生产产品的变换。

④ 设备数量多，操作工人多，占用生产面积大。

工序集中和工序分散各有特点。在实际生产中，要根据生产类型、工件的结构特点和技术要求、机械设备等实际条件进行综合分析，决定是采用工序集中原则还是工序分散原则来安排工艺过程。在一般情况下，单件、小批量生产时，多将工序集中。大批量生产时，既可采用多刀机床、多轴机床等高效率机床将工序集中，也可将工序分散后组织流水线生产。发展趋势是倾向于工序集中。

4. 工序顺序的安排

（1）机械加工顺序的安排：

① 基准先行：工件加工一般多从精基准的加工开始，再以精基准定位加工其他表面。因此，选作精基准的表面应安排在工艺过程起始工序先进行加工，以便为后续工序提供精基准。例如轴类工件先加工两端中心孔，然后再以中心孔作为精基准，粗、精加工所有外圆表面。齿轮加工则先加工内孔及基准端面，再以内孔及端面作为精基准，粗、精加工齿形表面。

② 先粗后精：整个工件的加工工序，应该先进行粗加工，半精加工次之，最后安排精加工和光整加工（或者超精密加工）。在对重要表面精加工之前，有时需对精基准进行修整，以利于保证重要表面的加工精度。

③ 先主后次：先安排主要表面（加工精度和表面质量要求比较高的表面，如装配基面、工作表面等）的加工，后进行次要表面的加工（键槽、油孔、紧固用的光孔、螺纹孔等）。因为主要表面加工容易出废品，应放在前面阶段进行，以减少工时浪费。次要表面的加工一般安排在主要表面的半精加工之后，精加工或光整加工之前进行，也有放在精加工后进行的。

④ 先面后孔：对于箱体、底座、支架等这类工件，平面的轮廓尺寸较大，用它作为精基准加工孔，比较稳定可靠，也容易加工，有利于保证孔的精度。如果先加工孔，再以孔为基准加工平面，则比较困难，加工质量也受影响。

（2）热处理工序的安排：热处理可用来提高材料的力学性能，改善工件材料的切削加工性能和消除残余应力。其安排主要是根据工件的材料和热处理的目的来进行。

① 正火、退火：正火和退火是为了改善工件材料的切削加工性能和消除毛坯的残余应力。如含碳量大于 0.5% 的低碳钢和低碳合金钢，为降低硬度以便于切削，常采用退火；含碳量低于 0.3% 的低碳钢和低碳合金钢为避免硬度过低导致切削时黏刀，一般采用正火以提

高硬度；退火和正火常安排在毛坯制造之后、粗加工之前。

② 调质：调质处理即淬火后的高温回火，能获得均匀细致的索氏体组织，为以后表面淬火和渗氮做组织准备，常安排在粗加工之后、半精加工之前进行。

③ 时效处理：时效处理主要用于消除毛坯制造和机械加工中产生的残余应力。常安排在粗加工之后进行。对于加工精度要求不高的工件，也可放在粗加工之前进行。

④ 淬火：淬火处理的目的主要是提高工件材料的硬度和耐磨性。淬火工序一般安排在半精加工与精加工之间进行，因淬火后工件硬度很高，且有一定变形，需再进行磨削或研磨加工，以修正热处理工序产生的变形。在淬火工序之前需将铣键槽、车螺纹、钻螺纹底孔、攻螺纹等次要表面的加工进行完毕，以防止工件淬硬后不能加工。

⑤ 渗碳淬火：渗碳淬火适用于低碳钢和低碳合金钢，其目的是使工件表层含碳量增加，经淬火后使表层获得高的硬度和耐磨性，而芯部仍保持其较高的韧性。渗碳淬火变形大，且渗碳层深度一般为 $0.5 \sim 2\ mm$，因此渗碳淬火工序一般安排在半精加工与精加工之间。

⑥ 渗氮：渗氮是使氮原子渗入金属表面而获得一层含氮化合物的处理方法。渗氮层可以提高工件表面的硬度、耐磨性、疲劳强度和抗蚀性。由于渗氮处理温度较低，变形小，且渗氮层较薄（ $0.6 \sim 0.7\ mm$ ），常安排在精加工之间进行。为减小渗氮变形，在切削加工之后一般需进行调质处理。

（3）辅助工序的安排：为了保证加工质量，在机械加工工艺中还要安排检验、表面强化、去毛刺、倒棱、去磁、清洗、动平衡、涂防锈漆和包装等辅助工序。辅助工序也是必要工序，若安排不利，会给后续工序和装配带来麻烦，进而影响产品质量。其中的检验工序是主要辅助工序。除操作者自行检验外，关键工序前后、车间周转前后、工件全部加工结束后等，也都应安排检验工序。

5. 确定工序尺寸及其公差　在确定工序尺寸及其公差时，有工艺基准与设计基准重合和不重合两种情况。在两种情况下工序尺寸及其公差的计算是不同的。

当工件定位基准与设计基准重合时，工件工序尺寸及其公差的确定方法是先根据工件的具体要求确定其加工工艺路线，再通过查表确定各道工序的加工余量及其公差，然后计算出各工序尺寸及公差。计算顺序是先确定各工序余量的基本尺寸，再由后往前逐个工序推算，即由工件上的设计尺寸开始，由最后一道工序向前面的工序推算直到毛坯尺寸。如某工序基本尺寸等于后道工序基本尺寸加上或减去后道工序余量。计算好后，最后一道工序的公差按设计尺寸标注，毛坯尺寸公差为双向分布，其余工序尺寸公差按入体原则标注。

定位基准与设计基准不重合时，工序尺寸及其公差的确定比较复杂，需用工艺尺寸链来进行分析计算。

机械加工过程中，工件的尺寸在不断地变化：由毛坯尺寸到工序尺寸，最后达到设计要求的尺寸。在这个变化过程中，加工表面本身的尺寸及各表面之间的尺寸都在不断地变化，这种变化无论是在一个工序内部，还是在各个工序之间都有一定的内在联系。可应用工艺尺寸链理论去揭示它们之间的内在关系。

在工件加工、测量或机械的装配过程中，经常遇到一些相互联系且按一定顺序排列着的、封闭的尺寸组合，形象地称之为尺寸链。尺寸链按其在空间分布的位置关系，可分为直线尺寸链、角度尺寸链、平面尺寸链和空间尺寸链。

直线尺寸链是由彼此平行的直线尺寸所组成的尺寸链。

角度尺寸链是由处在同一平面内或平行平面内的角度尺寸所组成的尺寸链。

平面尺寸链是由处在同一平面内或平行平面内的直线尺寸和角度尺寸所组成的尺寸链。

空间尺寸链是由直线尺寸和角度尺寸所组成的并形成空间位置关系的尺寸链。

在工件加工过程中，由同一工件有关工序尺寸所形成的尺寸链，称为工艺尺寸链。

图 6-36 所示工件为一定位套，A_0 与 A_1 为图样上已标注的尺寸。当按工件图进行加工时，尺寸 A_0 不便直接测量。如欲通过易于测量的尺寸 A_2 进行加工，以间接保证尺寸 A_0 的要求，则首先需要分析尺寸 A_1、A_2 和 A_0 之间的内在关系，然后据此算出尺寸的数值。尺寸 A_1、A_2 和 A_0 就构成一个封闭的尺寸组合，即形成了一个工艺尺寸链。

在图 6-37 所示圆柱形工件的装配过程中，其间隙 A_0 的大小由孔径 A_1 和轴径 A_2 所决定，即 $A_0 = A_1 - A_2$。这样，尺寸 A_1、A_2 和 A_0 也形成一个工艺尺寸链。

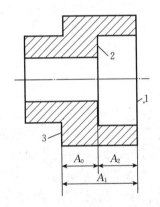

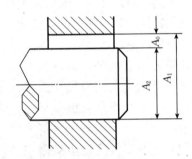

图 6-36　工件加工尺寸关系图　　　图 6-37　工件装配过程中的尺寸关系

由以上示例知道，工艺尺寸链的主要特征如下：

① 关联性：组成工艺尺寸链的各尺寸之间必然存在着一定的关系，相互无关的尺寸不组成工艺尺寸链。工艺尺寸链中每一个组成环不是增环就是减环，其尺寸发生变化都会引起封闭环的尺寸变化。对工艺尺寸链中的封闭环尺寸没有影响的尺寸，就不是该工艺尺寸链的组成环。

② 封闭性：尺寸链必须是一组首尾相接并构成一个封闭图形的尺寸组合，其中应包含一个间接得到的尺寸。不构成封闭图形的尺寸组合就不是尺寸链。

工艺尺寸链中各尺寸简称环。根据各环在尺寸链中的作用，环可分为封闭环和组成环两种。

封闭环是在加工、测量或装配等工艺过程完成后间接形成的，精度是被间接保证的尺寸。封闭环用 A_0 表示。在工艺尺寸链中，封闭环必须在加工顺序确定后才能判定。在图 6-36 所示条件下，封闭环 A_0 是在所述加工顺序条件下，最后形成的尺寸。加工顺序改变，封闭环也会随之改变。在装配尺寸链中，封闭环很容易确定。如图 6-37 所示，封闭环 A_0 就是工件装配后形成的间隙。

组成环是工艺尺寸链中除封闭环以外的所有环。同一尺寸链中的组成环，一般以同一字母加下角标表示，如 A_1、A_2、A_3……。组成环的尺寸是直接保证的，它又影响到封闭环的尺寸。根据组成环对封闭环的影响不同，组成环又可分为增环和减环。

① 增环：在其他组成环不变的条件下，此环增大时，封闭环随之增大，则此组成环称为增环。在图 6-36、图 6-37 中，尺寸 A_1 为增环。

② 减环：在其他组成环不变的条件下，此环增大时，封闭环随之减小，则此组成环称为减环。在图 6-36、图 6-37 中，尺寸 A_2 为减环。

当尺寸链环数较多、结构复杂时，增环及减环的判别也比较复杂。为了便于判别，可按照各尺寸首尾相接的原则，顺着一个方向在尺寸链中各环的字母上划箭头。凡组成环的箭头与封闭环的箭头方向相同者，此环为减环，反之则为增环。图 6-38 所示尺寸链由 4 个环组成，按尺寸走向顺着一个方向画各环的箭头，其中 L_1、L_3 的箭头方向与 L_0 的箭头方向相反，则 L_1、L_3 为增环；L_2、L_4 的箭头方向与 L_0 的箭头方向相同，则 L_2、L_4 为减环。需要注意的是，所建立的尺寸链，必须使组成环数最少，这样可以更容易满足封闭环的精度或者使各组成环的加工更容易、更经济。

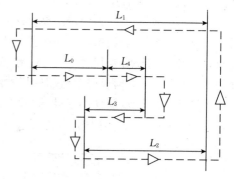

图 6-38　增环、减环的判断

尺寸链的计算方法有两种：极值法与概率法。极值法是从最坏情况出发来考虑问题的，即令所有增环都为最大极限尺寸而减环恰好都为最小极限尺寸，或所有增环都为最小极限尺寸而减环恰好都为最大极限尺寸，来计算封闭环的极限尺寸和公差。这种方法简单、可靠。事实上，一批工件的实际尺寸是在公差带范围内变化的，在尺寸链中，所有增环不一定同时出现最大或最小极限尺寸，即使出现，此时所有减环也不一定同时出现最小或最大极限尺寸。概率法主要用于装配尺寸链。这里只介绍极值法解工艺尺寸链的基本计算公式。

从图 6-39 中可以看出用极值法计算尺寸链的基本公式如下：

封闭环的基本尺寸（A_0）等于所有增环基本尺寸（A_z）之和减去所有减环基本尺寸（A_j）之和。

$$A_0 = \sum_{z=1}^{m} A_z - \sum_{j=m+1}^{n-1} A_j \tag{6-5}$$

式中　m——增环的环数；

n——总环数；

A_0——封闭环的基本尺寸；

A_z——表示增环；

A_j——表示减环。

封闭环的最大极限尺寸（A_{0max}）等于所有增环的最大极限尺寸（A_{zmax}）之和减去所有减环的最小极限尺寸（A_{jmin}）之和。

$$A_{0max} = \sum_{z=1}^{m} A_{zmax} - \sum_{j=m+1}^{n-1} A_{jmin} \tag{6-6}$$

封闭环的最小极限尺寸（$A_{0\min}$）等于所有增环的最小极限尺寸（$A_{z\min}$）之和减去所有减环的最大极限尺寸（$A_{j\max}$）之和。

$$A_{0\min} = \sum_{z=1}^{m} A_{z\min} - \sum_{j=m+1}^{n-1} A_{j\max} \tag{6-7}$$

用式（6-6）减去式（6-5），得封闭环的上偏差，即封闭环的上偏差（ES_{A_0}）等于所有增环上偏差（ES_{A_z}）之和减去所有减环下偏差（EI_{A_j}）之和。

$$ES_{A_0} = \sum_{z=1}^{m} ES_{A_z} - \sum_{j=m+1}^{n-1} EI_{A_j} \tag{6-8}$$

用式（6-7）减去式（6-5），得封闭环的下偏差，即封闭环的下偏差（EI_{A_0}）等于所有增环下偏差（EI_{A_z}）之和减去所有减环上偏差（ES_{A_j}）之和。

$$EI_{A_0} = \sum_{z=1}^{m} EI_{A_z} - \sum_{z=m+1}^{n-1} ES_{A_j} \tag{6-9}$$

用式（6-6）减去式（6-7），得封闭环的公差，即封闭环的公差（T_{A_0}）等于所有组成环的公差（T_{A_j}）之和。

$$T_{A_0} = \sum_{j=1}^{n-1} T_{A_j} \tag{6-10}$$

由公式可知，封闭环的公差比任一组成环的公差都大。因此，在工艺尺寸链中，一般选最不重要的环作为封闭环。在装配尺寸链中，封闭环是装配的最终要求。为了减小封闭环的公差，应尽量减小尺寸链的环数，这就是在设计中应遵守的最短尺寸链原则。

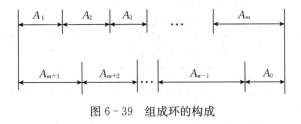

图 6-39　组成环的构成

求解工艺尺寸链是确定工序尺寸的一个重要环节。尺寸链的计算步骤一般是：首先正确地画出尺寸链图；按照加工顺序确定封闭环、增环和减环；再进行尺寸链的计算；最后可以按封闭环公差等于各组成环公差之和的关系进行校核。

三、工艺文件的编制

工艺过程拟定之后，要以文字或图表的形式写成工艺文件。工艺文件的种类和形式有多种，其繁简程度有很大不同，要视生产类型而定。常用的工艺文件有以下几种：

（1）机械加工工艺过程卡片：用于单件、小批量生产中。它概括说明工件加工所经过的工艺路线，只用它指导操作者操作。它是制定其他工艺文件的基础，也是生产技术准备、编制作业计划和组织生产的依据。其格式见表6-3。

表 6 - 3　机械加工工艺过程卡片

	机械加工工艺过程卡片		工件图号			共　页	
			工件名称			第　页	
材料牌号		毛坯种类		毛坯外形尺寸		每年毛坯可制件数	每台件数
工序号	工序内容			车间	工段	设备	工艺装备	工时 准备	单件

工序号	工序内容	车间	工段	设备	工艺装备	准备	单件

(2) 机械加工工艺过程综合卡片：广泛用于成批生产的工件和小批生产的重要工件。比工艺过程卡片详细，又比工序卡片简单，是介于两者之间的一种格式。它既要说明工艺路线，又要说明工序内容，用来指导操作者操作和帮助管理人员及技术人员掌握工件加工过程。其格式见表 6 - 4。格式各单位可自定，这里仅供参考。

表 6 - 4　机械加工工艺过程综合卡片

		机械加工工艺过程综合卡片					共　页	第　页	
产品 要求	尺寸规格		性能参数				备注		
	材料牌号		产品图号				单位		
选择 毛坯	尺寸规格		性能参数				出品数		
	材料牌号		毛坯批号						

机械加工工艺路线	工序号	工序名	工序内容	工序简图	加工车间	工艺装备	时间定额/min	
							准备	主体
	1							
	2							
	3							
	4							

（3）机械加工工序卡片：主要用于大批大量生产。要求更加详细和完整，每个工件的各工序都要有工序卡片。它详细地说明该工序中的每个工步的加工内容、工艺参数、操作要求、所用设备和工艺装备等。一般都有工序简图，注明该工序的加工表面和应达到的尺寸公差、形位公差和表面粗糙度等。其格式见表6-5。

表6-5　机械加工工序卡片

机械加工工序卡片		工件图号			共　页
		工件名称			第　页
（工序简图）		车间	工序号	工序名称	材料牌号
		毛坯种类	毛坯外形尺寸	每件毛坯可制件数	每台件数
		设备名称	设备型号	设备编号	同时加工件数
		夹具编号		夹具名称	切削液
		工位器具编号		工位器具名称	工序工时
					准备	单件

工步号	工步内容	工艺装备	主轴转速/(r/min)	切削速度/(m/min)	进给量/(mm/r)	背吃刀量/mm	走刀次数	工时定额	
								基本	辅助

第五节　典型工件的加工工艺过程

一、轴类工件加工

轴类工件是机器中的常见工件，也是重要工件。其主要功用是支承传动零部件（齿轮、带轮等），并传递扭矩。轴的基本结构是由回转体组成，其主要加工表面有内、外圆柱面，内、外圆锥面，螺纹，花键，横向孔，沟槽等。

1. 轴类工件的技术要求　轴类工件的技术要求主要有以下几个方面：

（1）直径精度和形状精度：轴上的支承轴颈和配合轴颈是轴的重要表面。其直径精度通常为IT9～IT5。形状精度（圆度、圆柱度）控制在直径公差之内。当形状精度要求较高时，应在工件图样上另行规定其允许的公差。

（2）位置精度：轴类工件中的配合轴颈（装配传动件的轴颈）对支承轴颈的同轴度是其位置精度的普遍要求。普通精度的轴，配合轴颈对支承轴颈的径向圆跳动一般为0.03～0.01 mm，高精度轴为0.005～0.001 mm。此外，位置精度还有内、外圆柱面间的同轴度，轴向定位端面与轴心线的垂直度要求等。

（3）表面粗糙度：根据机器精密程度的高低、运转速度的快慢，轴类工件表面粗糙度要求也不相同。支承轴颈的表面粗糙度Ra值一般为0.63～0.16 μm，配合轴颈Ra值为2.5～0.63 μm。

2. 轴类工件的材料、毛坯及热处理

（1）主轴材料和热处理的选择：一般轴类工件常用材料为45钢，并根据需要进行正火、退火、调质、淬火等热处理以获得一定的强度、硬度、韧性和耐磨性。

对于中等精度而转速较高的轴类工件，可选用40Cr等牌号的合金结构钢。这类钢经调质和表面淬火处理，其淬火层硬度分布变得均匀且具有较高的综合力学性能。精度较高的轴还可使用轴承钢GCr15和弹簧钢65Mn。它们经调质和局部淬火后，具有更高的耐磨性和耐疲劳性。

在高速重载条件下工作的轴，可以选用20CrMnTi、20Mn2B、20Cr等渗碳钢，经渗碳淬火后，表面具有很高的硬度，而芯部强度和冲击韧性好。

在实际应用中可以根据轴的用途选择其材料。如车床主轴属一般轴类工件，材料选用45钢，预备热处理采用正火和调质，最后热处理采用局部高频淬火。

（2）主轴的毛坯：轴类毛坯一般使用锻件和圆钢，结构复杂的轴件（如曲轴）可使用铸件。光轴和直径相差不大的阶梯轴一般采用圆钢毛坯。外圆直径相差较大的阶梯轴或重要的轴宜选用锻件毛坯，此时采用锻件毛坯可减少切削加工量，又可以改善材料的力学性能。主轴属于重要的且直径相差大的工件，通常采用锻件毛坯。

3. 轴类工件安装特点 粗加工时为了提高工件的刚度，一般以外圆表面或外圆表面与中心孔共同作为定位基准。内孔加工时，也以外圆作为定位基准。

对于空心轴，为了使以后各工序有统一的定位基准，在加工出内孔后，采用带中心孔的锥堵或带锥堵的心轴，保证用中心孔定位，如图6-40所示。

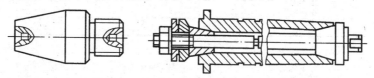

图6-40　锥堵和带锥堵的心轴

4. 主轴加工工艺

（1）定位基准的选择：在一般轴类工件加工中，最常用的定位基准是两端中心孔。因为轴上各表面的设计基准一般都是轴的中心线，所以用中心孔定位符合基准重合原则。同时，以中心孔定位可以加工多处外圆和端面，便于在不同的工序中都使用中心孔定位，这也符合基准统一原则。

当加工表面位于轴线上时，就不能用中心孔定位，此时宜用外圆定位。轴的一端用卡盘夹外圆，另一端用中心架架外圆，即夹一头、架一头。作为定位基准的外圆面应选用已作为设计基准的支承轴颈，以符合基准重合原则。

此外，粗加工外圆时为提高工件的刚度，采取用三爪卡盘夹一端（外圆），用顶尖顶一端（中心孔）的定位方式。

因为主轴轴线上有通孔，所以仍能够用中心孔定位，常用的方法是采用锥堵或带锥堵的心轴，即在主轴的后端加工一个1：20锥度的工艺锥孔，在前端莫氏锥孔和后端工艺锥孔中配装带有中心孔的锥堵，如图6-40所示，这样锥堵上的中心孔就可作为工件的中心孔使用了。使用时在工序之间不许卸换锥堵，因为锥堵的再次安装会引起定位误差。当主轴锥孔的锥度较大时，可用锥堵心轴，如图6-40所示。

为了保证以支承轴颈为基准的前锥孔跳动公差（控制两者的同轴度），采用互为基准原则选择精基准。这样在前锥孔与支承轴颈之间反复转换基准，加工对方表面，可提高相互位置精度（同轴度）。

（2）划分加工阶段：主轴的加工工艺过程可划分为三个阶段：调质前的工序为粗加工阶段；调质后至表面淬火前的工序为半精加工阶段；表面淬火后的工序为精加工阶段。表面淬火后首先磨锥孔，重新配装锥堵，以消除淬火变形对精基准的影响，通过精修基准，为精加工做好定位基准的准备。

（3）热处理工序的安排：45钢经锻造后需要正火处理，以消除锻造产生的应力，改善切削性能。粗加工阶段完成后安排调质处理，一是可以提高材料的力学性能；二是作为表面淬火的预备热处理，为表面淬火准备了良好的金相组织，确保表面淬火的质量。对于主轴上的支承轴颈、莫氏锥孔、前短圆锥和端面这些重要且在工作中经常摩擦的表面，为提高其耐磨性均需表面淬火处理。表面淬火安排在精加工前进行，目的是通过精加工去除淬火过程中产生的氧化皮，修正淬火变形。

图6-41所示的是CA6140型车床主轴工件图。主轴材料为45钢，在大批量生产的条件下，拟定的加工工艺过程见表6-6。

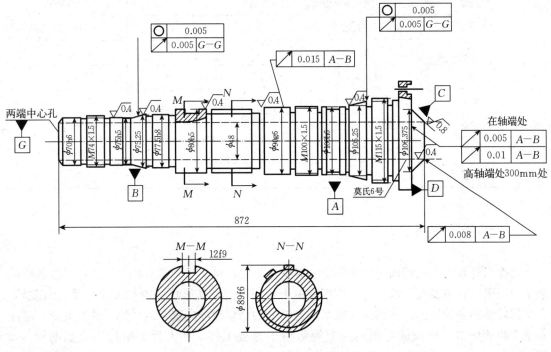

图6-41　CA6140型车床主轴工件图

表 6 - 6 CA6140 型车床主轴加工工艺过程

工序	工序名称	工序内容	设备及主要工艺装备
1	模锻	锻造毛坯	
2	热处理	正火	
3	铣端面，钻中心孔	铣端面，钻中心孔，控制总长 872 mm	专用机床
4	粗车	粗车外圆、各部留量 2.5～3 mm	仿形车床
5	热处理	调质	
6	半精车	车大头各台阶面	卧式车床
7	半精车	车小头各部外圆，留余量 1.2～1.5 mm	仿形车床
8	钻	钻 $\phi48$ 通孔	深孔钻床
9	车	车小头 1：20 锥孔及端面（配锥堵）	卧式车床
10	车	车大头莫氏 6 号孔、外短锥及端面（配锥堵）	卧式车床
11	钻	钻大端端面各孔	钻床
12	热处理	短锥及莫氏 6 号锥孔、$\phi75h5$、$\phi90g6$、$\phi100h6$ 进行高频淬火	
13	精车	仿形精车各外圆，留余量 0.4～0.5 mm，并切槽	数控车床
14	粗磨	粗磨 $\phi75h5$、$\phi90g6$、$\phi100h6$ 外圆	万能外圆磨床
15	粗磨	粗磨小头工艺内锥孔（重配锥堵）	内圆磨床
16	粗磨	粗磨大头莫氏 6 号内锥孔（重配锥堵）	内圆磨床
17	铣	粗铣、精铣花键	花键铣床
18	铣	铣 12f9 键槽	铣床
19	车	车三处螺纹 $M115\times1.5$、$M100\times1.5$、$M74\times1.5$	卧式车床
20	精磨	精磨外圆至尺寸	万能外圆磨床
21	精磨	精磨圆锥面及端面 D	专用组合磨床
22	精磨	精磨莫氏 6 号锥孔	主轴锥孔磨床
23	检验	按图样要求检验	

二、套类工件加工

套类工件是指在回转体工件中的空心薄壁件，是机械加工中常见的一种工件，在各类机器中应用很广，主要起支承或导向作用。由于功用不同，其形状结构和尺寸有很大的差异。支承回转轴的各种形式的轴承圈、轴套，夹具上的钻套和导向套，内燃机上的气缸套，液压系统中的液压缸，电液伺服阀的阀套等都属于套类工件。其大致的结构形式如图 6 - 42 所示。

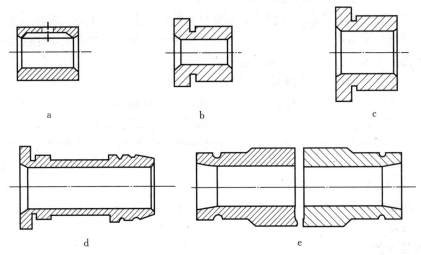

图 6-42 套类工件结构

a、b. 滑动轴承 c. 钻套 d. 气缸套 e. 液压缸

　　套类工件的结构与尺寸随其用途不同而异，但其结构一般都具有以下特点：外圆直径 d 一般小于其长度 L，通常 $L/d<5$；内孔与外圆直径之差较小，故壁薄易变形；内、外圆回转面的同轴度要求较高；结构比较简单。

　　1. 套类工件的技术要求　套类工件的外圆表面多以过盈配合或过渡配合与箱体孔相配合，起支承作用。内孔主要起导向作用或支承作用，常与运动轴、主轴、活塞、滑阀相配合。有些套筒端面或凸缘端面有定位或承受载荷的作用。套类工件虽然形状结构不一，但仍有共同特点和技术要求。根据使用情况可对套类工件的外圆与内孔提出如下要求：

　　(1) 内孔与外圆的精度要求：外圆直径精度通常为 IT7～IT5，表面粗糙度 Ra 值为 5～0.63 μm，要求较高的可达 0.04 μm。内孔作为套类工件支承或导向的主要表面，要求其尺寸精度一般为 IT7～IT6，为保证其耐磨性要求，对表面粗糙度要求较高（Ra 值为 2.5～0.16 μm）。有的精密套筒及阀套的内孔尺寸精度要求为 IT5～IT4；也有的套筒（如油缸、气缸缸筒）由于与其相配的活塞上有密封圈，对尺寸精度要求较低，但对表面粗糙度要求较高，Ra 值一般为 2.5～1.6 μm。

　　(2) 几何形状精度要求：通常情况下将外圆与内孔的几何形状精度控制在直径公差以内即可；对精密轴套有时控制在孔径公差的 1/2～1/3，甚至更严格。对较长套筒，除圆度有要求以外，还应有孔的圆柱度要求。为提高耐磨性，有的内孔要求表面粗糙度 Ra 值为 1.6～0.1 μm，有的高达 0.025 μm。套类工件外圆形状精度一般应在外径公差以内，表面粗糙度 Ra 值为 3.2～0.4 μm。

　　(3) 位置精度要求：主要根据套类工件在机器中的功用和要求而定。如果内孔的最终加工是在套筒装配（如机座或箱体等）之后进行，则可降低对套筒内、外圆表面的同轴度要求；如果内孔的最终加工是在装配之前进行，则同轴度要求较高，通常同轴度应为 0.06～0.01 mm。套筒端面（或凸缘端面）常用来定位或承受载荷，对端面与外圆和内孔轴线的垂直度要求较高，一般为 0.05～0.02 mm。

　　2. 套类工件的材料、毛坯及热处理　套类工件的材料、毛坯及热处理的选择主要取决于工件的功能要求、结构特点及使用时的工作条件。

套类工件一般用钢、铸铁、青铜或黄铜等材料制成。有些特殊要求的套类工件可采用双层金属结构或选用优质合金钢。双层金属结构是应用离心铸造法在钢或铸铁轴套的内壁上浇注一层巴氏合金等轴承合金材料。采用这种制造方法虽增加了一些工时，但能节省有色金属材料，而且又提高了轴承的使用寿命。

套类工件的毛坯制造方式的选择与毛坯结构尺寸、材料和生产批量的大小等因素有关。孔径较大（一般直径大于 20 mm）时，常采用型材（如无缝钢管）、带孔的锻件或铸件；孔径较小（一般直径小于 20 mm）时，一般选择热轧或冷拉棒料，也可采用实心铸件。大批大量生产时，可采用冷挤压、粉末冶金等先进工艺，不仅节约原材料，而且生产率及毛坯质量均可提高。

套类工件的功能要求和结构特点决定了套类工件的热处理方法有渗碳淬火、表面淬火、调质、高温时效及渗氮。

3. 套类工件加工工艺　套类工件的加工主要考虑如何保证内圆表面与外圆表面的同轴度、端面与其轴线的垂直度及相应的尺寸精度和形状精度，同时兼顾其壁薄、易变形的工艺特点。因此套类工件的加工工艺过程常用的有两种。一是当内圆表面是最重要表面时，采用备料→热处理→粗车内圆表面及端面→粗、精加工外圆表面→热处理→划线（键槽及油孔线）→精加工内圆表面；二是当外圆表面是最重要表面时，采用备料→热处理→粗加工外圆表面及端面→粗、精加工内圆表面→热处理→划线（键槽及油孔线）→精加工外圆表面。

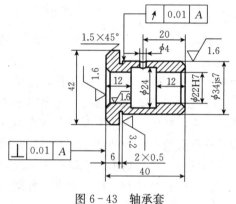

图 6-43　轴承套

图 6-43 所示为轴承套，毛坯选用无缝钢管，其加工工艺过程见表 6-7。

表 6-7　轴承套加工工艺过程

序号	工序名称	工序内容	设备及主要工艺装备
1	备料	棒料下料	
2	钻中心孔	铣端面，钻中心孔	铣钻专用组合机床
3	粗车	车外圆 φ42 长度为 6.5 mm，车外圆 φ34js7 长度为 φ35 mm，车空刀槽 2×0.5 mm，取总长 40.5 mm，两端倒角1.5×45°，5 件同加工，尺寸均相同	卧式车床
4	钻	钻孔 φ22H7 至 φ22 mm	钻床
5	车、铰	车端面，取总长 40 mm 至尺寸，车内孔 φ22H7 为 $\phi 22_{-0.05}^{0}$ mm，车内槽 φ24×16 mm 至尺寸，铰孔 φ22H7 至尺寸，孔两端倒角	卧式车床（配有铰刀）
6	精车	车 φ34js7（±0.012）mm 至尺寸	卧式车床
7	钻	钻径向油孔 φ4	钻床
8	检查	按图样技术要求全部检查	

套类工件的主要技术要求是内、外圆的同轴度，因此选择定位基准和装夹方法时，应着重考虑在一次装夹中尽可能完成各主要表面的加工，或以内孔和外圆互为基准反复加工以逐步提高其精度。同时，由于套类工件壁薄、刚性差，选择装夹方法、定位元件和夹紧机构时，要特别注意防止工件变形。

薄壁套筒在加工过程中，往往受夹紧力、切削力和切削热的影响而发生变形，致使加工精度降低。需要热处理的薄壁套筒，如果热处理工序安排不当，也会造成不可校正的变形。防止薄壁套筒的变形，可以采取以下措施：

（1）减小夹紧力对变形的影响：

① 夹紧力不宜集中于工件的某一部分，应使其分布在较大的面积上，使工件单位面积上所受的压力较小，从而减少其变形。例如工件外圆用卡盘夹紧时，可以采用软卡爪，以增加卡爪的宽度和长度。同时软卡爪应采取自镗的工艺措施，以减少安装误差，提高加工精度。还可以用开缝套筒装夹薄壁工件。由于开缝套筒与工件接触面大，夹紧力均匀分布在工件外圆上，薄壁工件不易产生变形。当薄壁套筒以孔为定位基准时，宜采用胀开式心轴。

② 采用轴向夹紧工件的夹具——螺母。由于工件靠螺母端面沿轴向夹紧，其夹紧力产生的径向变形极小。

③ 在工件上做出加强刚性的辅助凸边，加工时采用特殊结构的卡爪夹紧，当加工结束时，将凸边切去。

（2）减少切削力对变形的影响：

① 减小径向力，通常可借助增大刀具的主偏角来达到。

② 内外表面同时加工，使径向切削力相互抵消。

③ 粗、精加工分开进行，使粗加工时产生的变形能在精加工中得到纠正。

（3）减少热变形引起的误差：工件在加工过程中受切削热后要膨胀变形，从而影响工件的加工精度。为了减少热变形对加工精度的影响，应在粗、精加工之间留有充分冷却的时间，并在加工时注入足够的切削液。热处理对套筒变形的影响也很大。除了改进热处理方法外，还可将热处理工序安排在精加工之前进行，使热处理产生的变形在以后的工序中得到纠正。

三、箱体类工件加工

箱体类工件是机器的基础工件。它将机器中有关部件的轴、套、齿轮等相关工件连接成一个整体，并使之保持正确的相互位置，以传递转矩或改变转速来完成规定的运动。箱体类工件的加工质量，直接影响到机器的性能、精度和寿命。

箱体类工件的结构复杂，壁薄且不均匀，加工部位多，加工难度大。统计资料表明，一般中型机床制造厂花在箱体类工件上的机械加工工时占整个产品加工工时的15%～20%。

1. 箱体类工件的结构特点 箱体类工件的种类很多，其尺寸大小和结构形式随着机器的结构和箱体类工件在机器中功用的不同有着较大的差异。但从工艺上分析，它们仍有许多共同之处。其结构特点是：

① 外形基本上是由五个或六个平面组成的封闭式多面体，并又分成整体式和组合式两种。

② 结构形状比较复杂。内部常为空腔形，某些部位有"隔墙"。壁薄且厚薄不均。

③ 箱壁上通常都布置有平行孔系或垂直孔系。

④ 箱体类工件上的加工面，主要是大量的平面，此外还有许多精度要求较高的轴承支承孔和精度要求较低的紧固用孔。

2. 箱体类工件的技术要求 箱体类工件的技术要求主要包括轴承支承孔的尺寸精度、形状精度、表面粗糙度要求，孔与孔的位置精度（包括孔系轴线之间的距离尺寸精度和平行度，同一轴线上各孔的同轴度，孔端面对孔轴线的垂直度，以及孔轴线对安装面的平行度或垂直度等）。

此外，为满足箱体类工件加工中的定位需要及箱体类工件与机器的总装要求，箱体的装配基准面与加工中的定位基准面应有一定的平面度和表面粗糙度要求；各支承孔与装配基准面之间应有一定的距离尺寸精度的要求。

箱体类工件的技术要求因箱体类工件的工作条件和使用性能的不同而有所不同。一般情况下，轴孔的尺寸精度为 IT7～IT6，圆度不超过孔径公差的一半，表面粗糙度 Ra 值为 $0.8\sim0.4\,\mu m$。作为装配基准和定位基准的重要平面的平面度要求较高，表面粗糙度 Ra 值为 $0.63\sim0.2\,\mu m$。

3. 箱体类工件的材料、毛坯及热处理 箱体类工件材料常选用各种牌号的灰铸铁，常用的牌号有 HT100～HT400。这是因为灰铸铁具有较好的耐磨性、铸造性和可切削性，而且吸振性好，成本又低。某些负荷较大的箱体类工件采用铸钢件，可用 ZG200～ZG400。某些简易箱体类工件为了缩短毛坯制造的周期而采用钢板焊接结构。在航天航空、电动工具中也有采用铝和轻合金的。

毛坯多为铸铁件。单件、小批量生产多用木模手工造型，毛坯精度低，加工余量大。大批生产常用金属模机器造型，毛坯精度较高，加工余量可适当减小。

毛坯铸造时，应防止砂眼和气孔的产生。为了消除铸造时形成的残余应力，减少变形，保证其加工精度的稳定性，应使箱体类工件壁厚尽量均匀，毛坯铸造后要安排人工时效处理。

精度要求高或形状复杂的箱体类工件还应在粗加工后多加一次人工时效处理，以消除粗加工造成的残余应力，进一步提高加工精度的稳定性。

毛坯的加工余量与生产批量、毛坯尺寸、毛坯结构、毛坯精度和毛坯铸造方法等因素有关。具体数值可从有关手册中查到。

4. 箱体类工件加工工艺 箱体类工件结构复杂，加工精度要求较高，尤其是主要孔的尺寸精度和位置精度。

（1）基准的选择：箱体类工件定位基准的选择，直接关系到箱体类工件上各个平面与平面之间、孔与平面之间、孔与孔之间的尺寸精度和位置精度要求是否能够得到保证。在选择基准时，首先要遵守基准重合和基准统一的原则，同时必须考虑生产批量大小、生产设备

（特别是夹具的选用）等因素。

①粗基准的选择：粗基准的作用主要是决定不加工面与加工面的位置关系，以及保证加工面的余量均匀。在选择粗基准时，通常应满足以下几点要求：

第一，在保证各加工面均有余量的前提下，应使重要孔的加工余量均匀，孔壁的厚薄尽量均匀，其余部位均有适当的壁厚。

第二，装入箱体类工件内的回转工件（如齿轮、轴套等）应与箱壁有足够的间隙。

第三，注意保持箱体类工件必要的外形尺寸。

此外，还应保证定位稳定，夹紧可靠。

②精基准的选择：精基准选择一般采用基准统一的方案。常以箱体类工件的装配基准或专门加工的一面两孔为定位基准，使整个加工工艺过程基准统一。

（2）箱体类工件加工工艺过程的特点：要求加工的表面很多。在这些加工表面中，平面加工精度比孔的加工精度容易保证。工艺关键问题是箱体类工件中主要孔的加工精度、孔系加工精度。

（3）在加工箱体类工件时，在工艺路线的安排中应注意以下几个问题：

①先面后孔：先加工平面、后加工孔是箱体类工件加工的一般规律。从定位来看，平面面积大，用其定位稳定可靠；从加工难度来看，平面比孔加工容易。支承孔大多分布在箱体外壁平面上，先加工外壁平面可切去铸件表面的凹凸不平及夹砂等缺陷，这样可减少钻头引偏，防止刀具崩刃等，对孔加工有利。

②粗、精加工分开的原则：对于刚性差、批量较大、要求精度较高的箱体类工件，一般要粗、精加工分开进行，即在主要平面和各支承孔的粗加工之后再进行主要平面和各支承孔的精加工。这样，可以消除因粗加工产生的残余应力、切削力、切削热、夹紧力对加工精度的影响，并且有利于合理选用设备等。粗、精加工分开进行，会使所用机床、夹具的数量及工件安装次数增加，造成成本提高，故对单件、小批量生产，精度要求不高的箱体类工件，常常将粗、精加工合并在一道工序中进行，但必须采取相应措施来减少加工过程中的变形。例如粗加工后松开工件，让工件充分冷却，然后用较小的夹紧力，以较小的切削用量，多次走刀进行精加工。

③工序集中，先主后次：箱体类工件上相互位置要求较高的孔系和平面，一般尽量集中在同一工序中加工，以保证其相互位置要求和减少装夹次数。紧固螺纹孔、油孔等次要工序一般安排在平面和支承孔等主要加工表面精加工之后。

④工序间合理安排热处理：箱体类工件的结构复杂，壁厚也不均匀，因此，在铸造时会产生较大的残余应力。为了消除残余应力，减少加工后的变形和保证精度的稳定，在铸造之后必须安排人工时效处理。人工时效的工艺规范：加热到 $500\sim550\ ℃$，保温 $4\sim6\ h$，冷却速度小于或等于 $30\ ℃/h$，出炉温度小于或等于 $200\ ℃$。

普通精度的箱体类工件，一般在铸造之后安排 1 次人工时效处理。

有些精度要求不高的箱体类工件毛坯，有时不安排人工时效处理，而是利用粗、精加工工序间的停放和运输时间，使之得到自然时效。

箱体类工件人工时效的方法，除了加热保温法外，也可采用振动时效来达到消除残余应力的目的。

车床主轴箱简图如图 6-44 所示，车床主轴箱机械加工工艺过程见表 6-8。

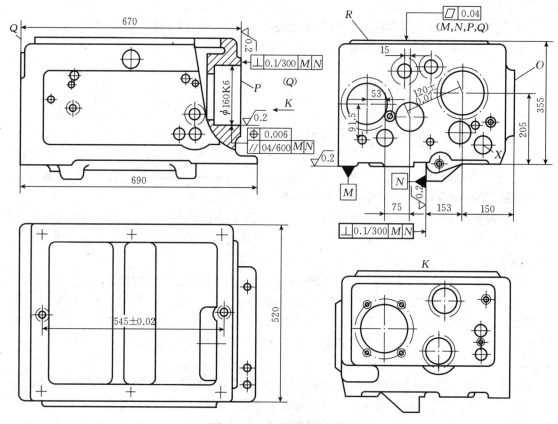

图 6-44　车床主轴箱简图

表 6-8　车床主轴箱机械加工工艺过程

工序	工序名称	工序内容	设备及主要工艺装备
1	铸造	铸造毛坯	
2	热处理	人工时效	
3	涂装	上底漆	
4	划线	兼顾各部划全线	
5	刨	① 按线找正，粗刨顶面 R，留量为 2～2.5 mm； ② 以顶面 R 为基准，粗刨底面 M 及导向面 N，各部留量为 2～2.5 mm； ③ 以底面 M 和导向面 N 为基准，粗刨侧面 O 及两端面 P、Q，留量为 2～2.5 mm	龙门刨床
6	划	划各纵向孔镗孔线	
7	镗	以底面 M 和导向面 N 为基准，粗镗各纵向孔，各部留量为 2～2.5 mm	卧式镗床
8	时效		
9	刨	① 以底面 M 和导向面 N 为基准精刨顶面 R 至尺寸； ② 以顶面 R 为基准精刨底面 M 及导向面 N，留刮研量为 0.1 mm	龙门刨床
10	钳	刮研底面 M 及导向面 N 至尺寸	
11	刨	以底面 M 和导向面 N 为基准精刨侧面 O 及两端面 P、Q 至尺寸	龙门刨床

（续）

工序	工序名称	工序内容	设备及主要工艺装备
12	镗	以底面 M 和导向面 N 为基准 ① 半精镗和精镗各纵向孔，主轴孔留精镗余量为 $0.05\sim0.1$ mm，其余镗至尺寸，小孔可用铰刀加工 ② 用浮动镗刀精镗主轴孔至尺寸	卧式镗床
13	划	各螺纹孔、紧固孔及油孔孔线	

第六节　工件的结构工艺性

一、切削加工对工件结构的要求

工件的结构工艺性是指所设计的工件在能满足使用要求的前提下，制造的可行性和经济性。它既是评价工件结构设计优劣的技术指标之一，又是工件结构设计优劣所带来的后果。具有良好结构工艺性的工件，能在满足使用要求的前提下，比较经济、高效、合格地被加工出来。

工件结构的切削加工工艺性是指所设计的工件在满足使用性能要求的前提下，切削成形的可行性和经济性，即切削成形的难易程度。机器中大部分工件的尺寸精度、表面粗糙度、形状精度和位置精度，最终要靠切削加工来保证。因此，在设计需要进行切削加工的工件结构时，还应考虑切削加工工艺性要求。它应遵循以下原则：

（1）工件的结构、形状应便于加工、测量；加工表面应尽量简单，应尽可能地布置在同一平面上或同一轴线上，以利于提高切削效率。

（2）不需要加工的毛坯面或要求不高的表面，不要设计成加工面或高精度、低表面粗糙度值要求的表面。

（3）工件的结构、形状应能使工件在加工中定位准确、夹紧可靠；有位置精度要求的表面，最好能在一次安装中加工。

（4）工件的结构应有利于使用标准刀具和通用量具，以减少专用刀具、量具的设计与制造。同时还应尽量与高效率机床和先进的工艺方法相适应。

（5）尽量采用标准化参数和标准件。

二、典型实例分析

工件的结构工艺性，与其加工方法和工艺过程有着密切联系。为了获得良好的工艺性，设计人员首先要了解和熟悉常见加工方法的工艺特点、典型表面的加工方案和工艺过程的基础知识等。在具体设计工件结构时，除了考虑满足使用要求外，通常还须注意表 6-9 所示的原则。

表6-9　工件结构工艺性的比较实例

序号	图例		说明
	结构工艺性差	结构工艺性好	
1			尽量选用标准化参数。螺纹直径和螺距采用标准数值，便于加工制造、装配和维修
2			避免在曲面和斜面上钻孔。钻头钻孔时切入表面和切出表面应与孔的轴线垂直，以便钻头两个切削刃同时切削，否则钻头易引偏甚至折断
3			应有足够刚性。薄壁件易因夹紧力和切削力作用而变形，增设凸缘提高了工件的刚度
4			减少对刀次数。工件同一方向的加工面，高度尺寸如果相差不大，尽可能等高，以减少调整对刀次数
5			在同一轴线上的孔，孔径要两边大、中间小，或依次递减，不能出现两边小、中间大的情况

复习思考题

1. 什么是生产过程、机械加工工艺过程、机械加工工艺规程？
2. 工序如何划分？解释工序、工步、走刀、安装、工位、定位的概念。
3. 分析工件技术要求时需考虑哪些因素？

4. 选择毛坯种类时，应考虑哪些因素？

5. 确定表面加工方法时，应考虑哪些因素？

6. 机械加工过程中，为什么要划分加工阶段？

7. 机械加工过程中，通常在哪些场合安排检验工序？

8. 什么是封闭环？它有何特点？

9. 举例说明在机械加工工艺过程中，如何合理安排热处理工序。

10. 什么是尺寸链？它有何特征？

11. 在设计需切削加工的工件时，对工件结构工艺性应考虑的一般原则有哪些？

12. 各种切削加工方法，对工件的结构工艺性的要求是什么？

13. 图 6-45 所示为轴类工件，若成批生产，试拟定其加工工艺规程。

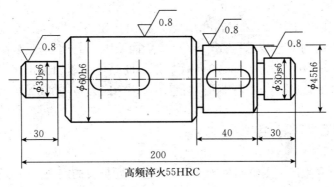

高频淬火55HRC

图 6-45　轴类工件

第七章

先进制造技术

第一节　高速加工技术

20 世纪 30 年代德国 Carl Salomon 博士首次提出高速切削概念。经过 50 年代的机理与可行性研究，70 年代的工艺技术研究，80 年代全面系统的高速切削技术研究，到 90 年代初，高速切削技术开始进入实用化，90 年代后期，商品化高速加工机床大量涌现。21 世纪初，高速切削技术在工业发达国家得到普遍应用，逐渐成为切削加工的主流技术。

一、高速加工及其特点

根据 1992 年国际生产工程研究会（CIRP）年会主题报告的定义，高速加工通常指切削速度超过传统切削速度 5～10 倍的切削加工。因此，加工材料和加工方式不同，高速加工的切削速度范围也不同。高速加工包括高速铣削、高速车削、高速钻孔与高速车铣等，但绝大部分应用是高速铣削。加工铝合金的切削速度达到 2 000～7 500 m/min；铸铁为 900～5 000 m/min；钢为 600～3 000 m/min；耐热镍基合金达 500 m/min；钛合金达 150～1 000 m/min；纤维增强塑料为 2 000～9 000 m/min。

高速加工的主要特点：

（1）加工效率高：高速加工比传统切削加工的切削速度高 5～10 倍，进给速度随切削速度的提高也可相应提高 5～10 倍，这样，单位时间材料切除率可提高 3～6 倍，因而工件加工时间通常可缩减到原来的 1/3，从而提高了加工效率和设备利用率，缩短了生产周期。

（2）切削力小：和传统切削加工相比，高速加工的切削力至少可降低 30%。这对于加工刚性较差的工件（如细长轴、薄壁件）来说，可减少加工变形，提高加工精度。同时，采用高速加工，单位功率材料切除率可提高 40% 以上，有利于延长刀具使用寿命。通常刀具寿命可提高约 70%。

（3）热变形小：高速切削加工过程极为迅速，95% 以上的切削热还来不及传给工件就被切屑迅速带走，工件不会由于温升出现弯翘或膨胀变形。因此高速加工特别适用于加工容易发生热变形的工件。

（4）加工精度高、加工质量好：高速加工的切削力和切削热影响小，使刀具和工件的变形小，工件表面的残余应力小，从而保证了尺寸精度。同时，由于切屑被飞快地带离工件，可以使工件达到较好的表面质量。

（5）加工过程稳定：高速旋转刀具切削加工时的激振频率已远远高于切削工艺系统的固

有频率，不会造成工艺系统振动，故高速加工过程平稳，有利于提高加工精度和表面质量。

（6）能加工各种难加工材料：例如，航空和动力部门大量采用的镍基合金和钛合金，材料强度大、硬度高、耐冲击，加工中容易硬化，切削温度高，刀具磨损严重，在普通加工中一般采用很低的切削速度。如采用高速切削，则其切削速度为常规切削速度的 10 倍左右，不仅能大幅度提高生产率，而且可有效减少刀具磨损。

（7）能降低加工成本：高速切削时单位时间的金属切除率高、能耗低、工件加工时间短，从而有效地提高了能源和设备利用率，降低了生产成本。

二、高速加工机床

高速加工机床主要由高速回转主轴单元系统、高速进给系统、高速数控系统、高速加工工具系统、高速加工机床支承部件以及高速加工监测系统等几部分组成。

1. 高速回转主轴单元系统 高速加工机床主轴单元与普通机床主轴单元的不同之处主要表现在：主轴转速一般为普通机床的 5～10 倍，转速可大于 10 000 r/min，有的高达 60 000～100 000 r/min；主轴的加、减速度比普通机床高得多，一般比普通数控机床高出一个数量级，达到 1～8g（$g=9.81$ m/s²）的加、减速度，通常只需 1～2 s 即可从启动到达选定的最高转速或从最高转速到停止；主轴单元电机功率一般高达 15～80 kW。

高速回转主轴单元是高速加工机床最重要的部件，也是实现高速加工的最关键技术之一。它要求动平衡性高，刚性好，回转精度高，有良好的热稳定性，能传递足够的力矩和功率，能承受高的离心力，带有准确的测温装置和高效的冷却装置。

（1）高速电主轴的传动结构：高速电主轴在结构上大都采用交流伺服电机直接驱动的集成化结构，取消了齿轮变速机构，采用电气无级调速，并配备强力冷却和润滑装置。高速回转主轴单元中把电机转子与主轴做成一体，即将无壳电机的空心转子用过盈配合的形式直接套装在机床主轴上，带有冷却套的定子则安装在主轴单元的壳体中，形成内装式电机主轴，简称电主轴。这样，电机的转子就是机床的主轴，机床主轴单元的壳体就是电机座，从而实现了变频电机与机床主轴的一体化。这种电机与机床主轴"合二为一"的传动结构形式把机床主传动链的长度缩短为零，实现了机床的"零传动"，具有结构紧凑、易于平衡、传动效率高等特点。

（2）高速精密轴承：高速电主轴的轴承性能对高速电主轴的使用功能至关重要。轴承必须满足高速运转的要求，具有较高的回转精度，较低的温升，尽可能高的径向和轴向刚度，以及较长的使用寿命。

高速电主轴支承用的高速轴承有接触式和非接触式两大类。接触式高速轴承存在摩擦且摩擦系数大，允许最高转速低。主要采用的有精密角接触球轴承。非接触式的流体轴承是常见的非接触式高速轴承，其摩擦仅与流体本身的摩擦系数有关。流体摩擦系数很小，因而允许转速高。主要采用的有空气轴承、液体动静压轴承和磁悬浮轴承。

空气轴承高速性能好，但径向刚度低并有冲击，一般用于超高速、轻载、精密主轴；液体动静压轴承采用流体动、静力相结合的方法，使主轴在油膜支承中旋转，具有径向和轴向跳动小、刚性好、阻尼特性好、寿命长的优点，主要用在低速重载场合，但维护保养较困难；磁悬浮轴承是一种利用电磁力将主轴无机械接触地悬浮起来的新型智能化轴承，高速性能好，精度高，易实现实时诊断和在线监控，是超高速电主轴理想的支承元件，但其价格较高，控制系统复杂。

（3）高速电主轴的冷却：高速电主轴的主要热源有三个，即置于主轴内部的电动机、轴承和切削刀具。

电动机在高速旋转时，电动机转子的工作温度高达 140～160 ℃，定子的温度也在 45～85 ℃。由于电动机的内置使得主轴和电动机成为一个整体，电动机产生的热量会直接传递给主轴，引起主轴热变形从而产生加工误差。另外，高速电主轴的轴承在高速旋转时会产生大量的热，这也会引起主轴温度的升高，而且容易烧坏轴承。安装在高速电主轴端部的切削刀具，在高速切削时也会产生大量的热。因此，如果不采取有效的冷却措施，高速电主轴将无法正常工作。在高速电主轴结构设计时必须考虑散热问题，使电主轴在高速旋转时能保持恒定的温度。

2. 高速进给系统　高速进给系统是高速加工机床的重要组成部分，是评价高速加工机床性能的重要指标之一，是维持高速加工中刀具正常工作的必要条件。在高速加工中，在提高主轴转速的同时必须提高进给速度，否则不但无法发挥高速切削的优势，还会使刀具长时间处于恶劣的工作条件下。同时，进给系统还需具有较大的加速度才能在较短的时间和行程内达到一定的高速度。因此，高速加工机床对进给系统主要有以下几点要求：

（1）进给速度高：高速加工机床的电主轴的转速一般为常规切削的 10 倍左右，为保证加工质量和刀具使用寿命，必须保证刀具每齿进给量基本不变，因此高速加工机床的进给速度需要相应提高。高速进给速度一般为常规进给速度的 10 倍左右。一般高速加工机床的进给速度为 60 m/min，特殊情况下可以达到 120 m/min 以上。

（2）进给加速度高：大多数高速加工机床加工零件的工作行程范围只有几十毫米到几百毫米，如果不能提供大加速度来保证在极短的行程内达到高速和在高速行程中瞬间准停，高速度就失去了意义。高速进给系统还可以最大的速度连续进给，保证在加工小半径结构的复杂轮廓时误差很小。一般高速加工机床要求进给加速度为 $1～2g$，某些高速加工机床要求加速度达到 $2～10g$。

（3）动态性能好：能实现快速的伺服控制和误差补偿，具有较高的定位精度和刚度。在高速运动的情况下，进给驱动系统的动态性能对机床加工精度的影响很大。此外，随着进给速度的不断提高，各坐标轴的跟随误差对合成轨迹精度的影响将变得越来越突出。

普通数控机床进给系统采用的旋转伺服电机带动滚珠丝杠传动的方式已无法满足上述要求。在滚珠丝杠传动中，电动机轴到工作台之间存在联轴器、丝杠、螺母及其支架、轴承及其支架等一系列中间环节，因而在运动中就不可避免地存在弹性变形、摩擦磨损和反向间隙等，造成进给运动的滞后和其他非线性误差。此外，整个系统的惯性质量较大，必将影响系统对运动指令的快速响应等一系列动态性能。当机床工作台行程较长时，滚珠丝杠的长度必须相应加长，但细而长的丝杠不仅难制造，还会成为这类进给系统的刚性薄弱环节，在力和热的作用下容易产生变形，使机床很难达到高的加工精度。

针对这些问题，世界上许多国家的研究单位和生产厂家进行了系统研究，开发出了若干种适用于高速加工机床的新型进给系统。实际生产中主要采用的是直线电机进给驱动系统。

直线电机进给驱动系统采用直线电动机作为进给伺服系统的执行元件。直线电动机利用电磁感应的原理，输出定子和转子之间的相对直线位移，电动机直接驱动机床工作台，取消了电动机到工作台的一切中间传动环节，与高速电主轴一样把传动链的长度缩短为零。其优点是：

① 精度高：由于取消了丝杠等机械传动机构，插补时因传动系统滞后带来的跟踪误差得以减少。

② 速度快，加减速过程短：无机械传动，则无机械旋转运动，无惯性力和离心力的作用，容易实现启动时瞬间达到高速，高速运行时又能瞬间准停。

③ 传动刚度高：由于进给传动链的长度缩短为零，刚度大大提高。

④ 高响应性：在进给系统中取消了一些响应时间常数大的机械传动件（如丝杠等），整个闭环控制系统动态响应性能大大提高。

此外，直线电机进给驱动系统运行效率高，噪声低，行程长度不受限制。

3. 高速数控系统　高速加工机床主轴转速、进给速度和加（减）速度都非常大，且进给方向采用直线电机直接驱动，因此对数控系统提出了更高的要求。为了实现高速，要求单个程序段处理时间短；为了在高速下保证加工精度，要有前馈和大量的超前程序段处理功能；要求快速形成刀具路径，且此路径应尽可能圆滑，走样条曲线而不是逐点跟踪，少转折点、无尖转点；程序算法应保证高精度。

高速加工机床的 CNC（计算机数字控制）控制系统具有以下特点：

（1）采用 32 位 CPU（中央处理器）、多 CPU 微处理器以及 64 位 RISC 芯片结构，以保证高速度处理程序段。因为在高速下要生成光滑、精确的复杂轮廓时，会使一个程序段的运动距离只等于 1 mm 的几分之一，其结果是 NC（数控的简称）程序将包括几千个程序段，这样的处理负荷超过了大多数 16 位控制系统，甚至超过了某些 32 位控制系统的处理能力。为实现高的切削速度和进给速度，控制系统必须能够高速阅读程序段；为切削直角时不产生伺服滞后现象，要求控制系统必须预先做出加速或减速的决定，GE-FANUC 的 64 位 RISC 系统可达到提前处理 6 个程序段且跟踪误差为零的效果。

（2）能够迅速、准确地处理和控制信息流，把加工误差控制在最小，同时保证控制执行机构运动平滑、机械冲击小。

（3）CNC 要有足够的容量和较大的缓冲内存，以保证大容量的加工程序高速运行。同时，一般还要求系统具有网络传输功能，便于实现复杂曲面的 CAD/CAM/CAE 一体化。

综上所述，高速加工机床必须具有一个高性能数控系统，以保证高速下的快速反应能力和零件加工的高精度。

4. 高速加工工具系统　由于高速加工时主轴转速很高，主轴和刀柄将在径向受到巨大的离心力作用，因此在设计高速加工工具系统的结构时，必须考虑离心力对工具系统工作性能的影响。广泛运用于常规切削的传统的 BT 工具系统已无法应用于高速切削加工。

图 7-1 所示为高速加工时 BT 工具系统的工作图。在高速切削加工时主轴工作转速达每分钟数万转，在巨大的离心力作用下主轴孔的膨胀量比实心刀柄的大，由此产生了以下主要问题：由于主轴孔和刀柄的膨胀差异，刀柄与主轴的接触面积减少，工具系统的径向刚度、定位精度下降；在夹紧机构压力的作用下，刀柄将内陷至主轴孔内，轴向精度下降，加工尺寸无法控制；机床停车后，内陷至主轴孔内的刀柄将很难拆卸。

由于 BT 工具系统仅使用锥面定位和夹紧，这种结构在高速切削时还存在以下缺点：换刀重复精度低；连接刚度低，扭矩传递能力低；尺寸大、质量大，换刀时间长。

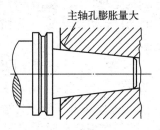

图 7-1 高速加工时 BT 工具系统的工作图

为了解决上述问题，高速加工工具系统在结构上应采取如下措施：

（1）刀柄的横截面采用空心薄壁结构，以便减少因离心力而产生的主轴孔和刀柄的膨胀差异，保证刀柄与主轴孔的可靠定位。采用空心薄壁结构的另一个好处是在刀柄安装时主轴孔与刀柄之间产生较大的过盈量，该过盈量可以补偿高速加工时因离心力而产生的主轴孔和刀柄的膨胀差异。

（2）采用具有端面定位的工具系统结构。刀柄端面的支承作用，可以防止在高速加工时主轴孔和刀柄的膨胀差异导致的刀柄轴向窜动，提高刀柄的轴向定位精度和刚度。

高速加工工具系统在采用端面定位的结构后，由于端面具有很好的支承作用，锥体与主轴的接触长度对工具系统的刚度影响较小，为了克服加工误差对这种锥面和端面同时定位的过定位结构的影响，可以缩短刀柄与主轴锥面接触的长度。这种刀柄就是所谓的"空心短锥刀柄"。此外，刀柄的锥面采用较小的锥角，一般选取 1∶20～1∶10。

图 7-2 所示为一种被称为 HSK 的接口。HSK 是由德国亚琛工业大学机床研究所专门为高速加工机床开发的新型刀机接口（刀机接口即机床与刀具的连接），并形成了自动换刀和手动换刀、中心冷却和端面冷却、普通型和紧凑型六种形式。HSK 是一种小锥度（1∶10）的空心短锥刀柄，使用时端面和锥面同时接触，从而形成高的接触刚性。研究表明，尽管 HSK 连接在高速旋转时主轴同样会扩张，但仍然能够保持良好的接触，转速对接口的连接刚性影响不大。

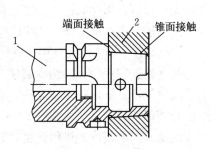

图 7-2 HSK 接口
1. HSK 刀柄 2. 主轴

具有端面定位的空心短锥结构的工具系统，一般使用内胀式的夹紧机构。图 7-3 是 HSK 工具系统的夹紧示意图。在机床主轴上安装时，HSK 刀柄在主轴锥孔内起定心作用。当与主轴锥孔完全接触时，刀柄端面与主轴端面之间约有 0.1 mm 的间隙。在夹紧机构作用下，拉杆向左移动，拉杆前端的锥面将夹爪径向胀开，夹爪的外锥面顶在刀柄内孔的锥面上，拉动刀柄向左移动，刀柄产生弹性变形，使刀柄端面与主轴端面靠紧，从而实现了刀柄与主轴锥孔和主轴端面同时定位和夹紧。在松开刀柄时，拉杆向右移动，弹性夹头离开刀柄内孔锥面，拉杆前端将刀柄推出，便可卸下刀柄。HSK 工具系统的轴向定位精度可达 0.4 μm，其径向位置精度可以控制在 0.25 μm 以下。

高速加工在航空航天、汽车、模具制造、电子工业等领域得到越来越广泛的应用。在航空航天领域中主要是解决零件大余量材料去除、薄壁零件加工、高精度零件加工、难切削材料加工以及生产效率等问题；在模具制造领域中，采用高速铣削，可加工硬度达 50～60 HRC 的淬硬材料，可取代部分电火花加工，并减少钳工修磨工序，缩短模具加工周期；在电子印刷线路板打孔和汽车大规模生产中也得到广泛应用。适用于高速加工的材料有铝合金、钛合金、铜合金、不锈钢、淬硬钢、石墨和石英玻璃等。

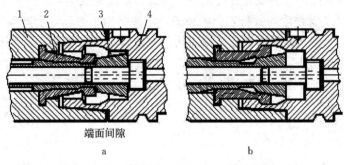

端面间隙

a　　　　　　　　　　　b

图 7 - 3　HSK 工具系统的夹紧示意图

a. 夹紧前　b. 夹紧后

1. 主轴　2. 夹爪　3. 拉杆　4. HSK 刀柄

第二节　先进制造模式

一、并行工程

1. 并行工程（concurrent engineering，CE）**的概念**　依据美国防御分析研究所（IDA）1988 年的报告，并行工程是对产品及其相关过程（包括制造过程和支持过程）进行并行、一体化设计的一种系统化工作模式。这种工作模式力图使开发者从一开始就考虑到产品全生命周期中的所有因素，包括质量、成本、进度和用户需求。

并行工程可以理解为一种集企业组织、管理、运行等诸多方面于一体的先进设计制造模式。它通过集成企业内的所有相关资源，使产品生产的整个过程在设计阶段就全面展开，旨在设法保证设计与制造的一次性成功，缩短产品开发周期，提高产品质量，降低产品成本，增强企业的竞争能力。

并行工程运用的主要方法包括设计质量的改进（设法使早期生产中的工程变更次数减少50％以上）、产品设计及其相关过程并行（设法使产品开发周期缩短 40％～60％）、产品设计及其制造过程一体化（设法使制造成本降低 30％～40％）。

2. 并行工程的特点　并行工程主要有四个特点：

（1）设计人员的团队化：并行工程十分强调设计人员的团队工作（team work）。借助于计算机网络的团队工作是并行工程系统正常运转的前提和关键。

（2）设计过程的并行性：并行性有两方面含义，一是开发者从设计开始便考虑产品全生命周期；二是在产品设计的同时便考虑加工工艺、装配、检测、质量保证、销售、维护等相关过程。

（3）设计过程的系统性：在并行工程中，设计、制造、管理等过程已不再是分立的单元体，而是一个统一体或系统。设计过程不仅要出图样和有关设计资料，而且还需进行质量控制、成本核算、产生进度计划表等。

（4）设计过程的快速反馈：为了最大限度地缩短设计时间，及时将错误消除在萌芽阶段，并行工程强调对设计结果及时进行审查，并且要求及时反馈给设计人员。

3. 并行工程的关键技术 并行工程的关键技术包括四个方面：①产品开发的过程建模、分析与集成技术；②多功能集成产品开发团队；③协同工作环境；④数字化产品建模。

并行工程中的产品开发工作是由多学科小组协同完成。因此，需要一个专门的协调系统来解决各类设计人员的修改、冲突、信息传递和群体决策等问题。

二、敏捷制造

1. 敏捷制造（agile manufacturing，AM）**的概念** 敏捷制造是指制造企业采用现代通信手段，通过快速配置各种资源，包括技术、管理和人，以有效和协调的方式响应用户需求，实现制造的敏捷性。敏捷制造的核心是保持企业具备高度的敏捷性。敏捷性意指企业在不断变化、不可预测的经营环境中善于应变的能力。它是企业在市场中生存和领先能力的综合表现。

2. 敏捷制造的特征

（1）敏捷虚拟企业组织形式：敏捷制造模式区别于其他制造模式的显著特征之一。敏捷虚拟企业简称虚拟企业（virtual enterprise），或称动态联盟企业（dynamic alliance enterprise）。由于市场竞争环境快速变化，企业必须对市场变化快速反应；市场产品越来越复杂，对某些产品一个企业已不可能快速、经济地独立开发和制造其全部。依据市场需求和具体任务大小，为了迅速完成既定目标，就需要按照资源最优配置原则，通过信息技术和网络技术，将一个公司内部的一些相关部门或者同一地域的一些相关公司或者不同地域且拥有不同资源与优势的若干相关企业联系在一起，快速组成一个统一指挥的生产与经营动态组织或临时性联合企业（虚拟企业）。

这种虚拟企业组织形式可以降低企业风险，使生产能力前所未有地提高，从而缩短产品的上市时间，减少相关的开发工作量，降低生产成本。一般地，虚拟企业的产生条件是：参与联盟的各个单元企业无法单独地完全靠自身的能力实现超常目标，或者说某目标已经超越某企业运用自身资源可以达到的限度。这样，企业欲突破自身的组织界限，就必须与其他对此目标有共识的企业建立全方位的战略联盟。

虚拟企业具有适应市场能力的高度柔性和灵活性。其主要包括五个方面：组织结构的动态性和灵活性；地理位置的分布性；结构的可重构性；资源的互补性；信息和网络技术的依赖性。

（2）虚拟制造技术：敏捷制造模式区别于其他制造模式的另一个显著特征。虚拟制造技术，又称拟实制造技术或可视化制造技术，意指综合运用仿真、建模、虚拟现实等技术，提供三维可视交互环境，对产品从概念产生、设计到制造的全过程进行模拟实现，以便在真实制造之前，预估产品的功能及可制造性，获取产品的实现方法，从而缩短产品上市时间，降低产品成本。

3. 实施敏捷制造模式的技术

（1）总体技术：具体涉及敏捷制造方法论、敏捷制造综合基础（包括信息服务技术、管理技术、设计技术、可重组和可重构制造技术四项使能技术；也包括信息基础结构、组织基础结构、智能基础结构三项支持基础结构）。

（2）关键技术：具体涉及四个方面，即跨企业、跨行业、跨地域的信息技术框架；集成化产品工艺设计的模型和工作流控制系统；企业资源管理系统和供应链管理系统；设备、工艺过程和车间调度的敏捷化。

（3）相关技术：如标准化技术、并行工程技术、虚拟制造技术等。

三、精益生产

1. 精益生产（lean production，LP）**的概念**　美国麻省理工学院的 Daniel Roos 教授于 1995 年出版了《改造世界的机器》（*The Machine that Changed the World*）一书，提出了精益生产的概念，并对其管理思想的特点与内涵进行了详细描述。该书对精益生产定义如下："精益生产的原则是：团队作业、交流，有效利用资源并消除一切浪费，不断改进及改善。精益生产与大量生产相比只需要：1/2 劳动力，1/2 占地面积，1/2 投资，1/2 工程时间，1/2 新产品开发时间。"

精益生产，其中的"精"表示精良、精确、精美，"益"包含利益、效益等。精益生产就是及时制造，消灭故障，消除一切浪费，向零缺陷、零库存进军。

精益生产的目标：在适当的时间（或第一时间）使适当的东西到达适当的地点，同时使浪费最小化和适应变化。

精益生产是在流水线生产方式的基础上发展起来的，通过系统结构、人员组织、运行方式和市场供求等方面的变革，使生产系统能很快适应用户需求，以用户为导向，以人为中心，以精简为手段，采用小组工作方式和并行设计，实行准时制生产（just in time，JIT），提倡否定传统的逆向思维方式，充分利用信息技术等，最终达到包括产品开发、生产、日常管理、协作配套、供销等各方面最好的结果。

如果把精益生产体系看作一幢大厦，那么它的基础就是在计算机网络支持下的、以小组方式工作的并行工作方式。在此基础上的三根支柱是：

全面质量管理。它是保证产品质量，达到零缺陷目标的主要措施。

准时制生产和零库存。它是缩短生产周期和降低生产成本的主要方法。

成组技术。这是实现多品种、按顾客订单组织生产、扩大批量、降低成本的技术基础。

2. 精益生产的特征　精益生产的特征主要可以概括为如下几个方面：

（1）以用户为"上帝"：产品面向用户，与用户保持密切联系，将用户纳入产品开发过程，以多变的产品、尽可能短的交货期来满足用户的需求，真正体现用户是"上帝"的精神。不但要向用户提供周到的服务，而且要洞悉用户的想法和要求，才能生产出适销对路的产品。产品的适销性、适宜的价格、优良的质量、快的交货速度、优质的服务是面向用户的基本内容。

（2）以"人"为中心：人是企业一切活动的主体，应以人为中心，大力推行独立自主的小组化工作方式。充分发挥一线职工的积极性和创造性，使他们积极地为改进产品的质量献计献策，使一线工人真正成为"零缺陷"生产的主力军。为此，企业对职工进行爱厂如家的教育，并从制度上保证职工的利益与企业的利益挂钩。应下放部分权力，使人人有权、有责任、有义务随时解决碰到的问题。还要满足人们学习新知识和实现自我价值的愿望，形成独特的、具有竞争意识的企业文化。

（3）以"精简"为手段：在组织机构方面实行精简化，去掉一切多余的环节和人员。实现纵向减少层次、横向打破部门壁垒，将层次细分工，将管理模式转化为分布式平行网络的管理结构。在生产过程中，采用先进的柔性加工设备，减少非直接生产工人的数量，使每个工人都真正对产品实现增值。另外，采用 JIT 和看板方式管理物流，可大幅度减少甚至实现零库存，也可减少库存管理人员、设备和场所。此外，精益不仅仅是指减少生产过程的复杂性，还包括在减少产品复杂性的同时，提供多样化的产品。

（4）成组技术：成组技术应用于机械制造系统，是将多种零件按其相似性归类编组，并以组为基础组织生产，用扩大了的成组批量代替各种零件的单一产品批量，从而实现产品设计、制造工艺和生产管理的合理化，使中小批量生产能获得接近大批量生产的经济效益。

（5）JIT 供货方式：JIT 供货方式可以保证最小的库存和最少在制品数。为了实现这种供货方式，应与供货商建立起良好的合作关系，相互信任，相互支持，利益共享。

（6）小组工作和并行设计：精益生产强调以小组工作方式进行产品的并行设计。综合工作组是指由企业各部门专业人员组成的多功能设计组，对产品的开发和生产具有很强的指导和集成能力。综合工作组全面负责一个产品型号的开发和生产，包括产品设计、工艺设计、编制预算、材料购置、生产准备及投产等工作，并根据实际情况调整原有的设计和计划。

（7）"零缺陷"工作目标：精益生产所追求的目标不是"尽可能好一些"，而是"零缺陷"。即最低的成本、最好的质量、无废品、零库存与产品的多样性。当然，这样的境界只是一种理想境界，但应无止境地去接近这一目标，才会使企业永远保持进步和领先。

四、虚拟制造

1. 虚拟制造（virtual manufacturing，VM）**的定义**　虚拟制造是以多学科先进知识的综合系统技术和计算机仿真技术为基础，集现代制造工艺、计算机图形学、并行工程、人工智能、人工现实技术和多媒体技术等多种高新技术为一体，由多学科知识形成的一种综合系统技术。它将现实制造环境及其制造过程通过建立系统模型映射到计算机及相关技术所支撑的虚拟环境中，在虚拟环境下模拟现实制造环境及其制造过程的一切活动和产品的制造全过程，并对产品制造及制造系统的行为进行预测和评价。

虚拟制造是对真实产品制造的动态模拟，是一种在计算机上进行而不消耗物理资源的模拟制造软件技术。

2. 虚拟制造的关键技术

（1）建模技术：虚拟制造系统应当建立一个包容"3P"模型的、稳健的信息体系结构。"3P"模型是指生产模型、产品模型和工艺模型。生产模型包括静态描述和动态描述两个方面。静态描述是指系统生产能力和生产特性的描述。动态描述是指在已知系统状态和需求特性的基础上预测产品生产的全过程。产品模型不仅包括产品结构明细表、产品形状特征等静态信息，而且能通过映射、抽象等方法提取产品实施中各活动所需的模型。工艺模型是将工艺参数与影响制造功能的产品设计属性联系起来，以反映生产模型与产品模型间的交互作用。它包括以下功能：物理、数学模型，统计模型，计算机工艺仿真，制造数据表和制造规划。

（2）仿真技术：仿真就是应用计算机对复杂的现实系统进行抽象和简化形成系统模型，

然后在分析的基础上运行此模型，从而得到系统一系列的统计性能。仿真是以系统模型为对象的研究方法，因而不干扰实际生产系统。同时仿真可以利用计算机的快速运算能力，用很短的时间模拟出实际生产中需要很长时间的生产过程，因此可以缩短决策时间，避免资金、人力和时间的浪费。计算机还可以重复仿真，优化实施方案。

产品制造过程仿真，可归纳为制造系统仿真和加工过程仿真。制造系统仿真涉及产品建模仿真、设计思维过程和设计交互行为仿真等，能对设计结果进行评价，实现设计过程早期反馈，减少或避免产品设计错误。加工过程仿真，包括切削过程仿真，装配过程仿真，检验过程仿真，以及焊接、压力加工、铸造仿真等。上述两类仿真过程是独立发展起来的，尚不能集成，而虚拟制造中应建立面向制造全过程的统一仿真。

（3）虚拟现实技术（virtual reality technology，VRT）：虚拟现实技术是在改善人与计算机的交互方式，提高计算机可操作性的过程中产生的。它是综合利用计算机图形系统、各种显示和控制等接口设备，在计算机上生成可交互的三维环境（称为虚拟环境）并提供沉浸感觉的技术。

虚拟现实的系统环境除采用计算机作为中央部件外，还包括头盔式显示装置、数据手套、数据衣、传感装置以及各种现场反馈设备。

由计算机图形系统及各种接口设备组成，用来产生虚拟环境并提供沉浸感觉，以及交互性操作的计算机系统称为虚拟现实系统（virtual reality system，VRS）。虚拟现实系统包括操作者、机器和人机接口三个基本要素。它不仅提高了人与计算机之间的和谐程度，也成为一种有效的仿真工具。利用 VRS 可以对真实世界进行动态模拟，通过用户的交互输入，并及时按输出修改虚拟环境，使人产生身临其境的沉浸感觉。虚拟现实技术是虚拟制造的关键技术之一。

五、网络化制造

1. 网络化制造（networked manufacturing，NM）**的概念**　网络化制造是指面对市场需求与机遇，针对某一个特定产品，利用以互联网为标志的信息高速公路，灵活而快速地组织社会制造资源（人力、设备、技术、市场等），按资源优势互补原则，迅速地组成一种跨地域、靠电子网络联系、统一指挥的运营实体——网络联盟。

具体地说，网络化制造意指企业利用计算机网络实现制造过程以及制造过程与企业中工程设计、管理信息等子系统的集成。包括通过计算机网络远程操纵异地的机器设备进行制造；也包括企业利用计算机网络搜寻产品的市场供应信息、搜寻加工任务、发现合适的产品生产合作伙伴、进行产品的合作开发设计和制造、产品的销售等，即通过计算机网络进行生产经营业务活动各个环节的合作，实现企业间资源的共享和优化组合利用，实现异地制造。网络化制造是制造业利用网络技术开展产品设计、制造、销售、采购、管理等一系列活动的总称，涉及企业生产经营活动的各个环节。

网络化制造作为一种网络联盟，它的组建是由市场牵引力触发的。针对市场机遇，以最短的时间、最低的成本、最少的投资向市场推出高附加值产品。当市场机遇不存在时，这种联盟自动解散。当新的市场机遇来临，再组建新的网络联盟。显然，网络联盟是动态的。

2. 网络化制造的基本特征　网络化制造的基本特征包括敏捷化、分散化、动态化、协作化、集成化、数字化和网络化七个方面。网络化制造的敏捷化表现为其对市场环境快速变化带来的不确定性做出的快速响应能力；其分散化表现为资源的分散性和生产经营管理决策的分散性；其动态化表现为依据市场机遇存在性而决定网络联盟的存在性；其协作化表现为网络联盟中合作伙伴之间的紧密配合，共同快速响应市场和完成共同的目标；其集成化表现为制造系统中各种分散资源能够实时地高效集成；其数字化表现为借助信息技术来实现真正完全的无图样化虚拟设计和虚拟制造；其网络化表现为以电子网络作为支撑环境。

3. 网络化制造的关键技术 网络化制造的关键技术主要包括综合技术、使能技术、基础技术和支撑技术。其中，综合技术主要包括产品全生命周期管理、协同产品商务、大量定制和并行工程等；使能技术主要包括计算机辅助设计（CAD）、计算机辅助制造（CAM）、计算机辅助工程（CAE）、计算机辅助工艺过程设计（CAPP）、客户关系管理（CRM）、供应商关系管理（SRM）、企业资源计划（ERP）、制造执行系统（MES）、供应链管理（SCM）和产品数据管理（PDM）等；基础技术主要包括标准化技术、产品建模技术和知识管理技术等；支撑技术主要包括计算机技术和网络技术等。

六、智能制造

1. 智能制造（intelligent manufacturing，IM）**的概念** 智能制造应当包含智能制造技术（intelligent manufacturing technology，IMT）和智能制造系统（intelligent manufacturing system，IMS）两方面内容。

IMT 是当今最新的制造技术，但至今尚无统一的定义。比较公认的说法是：IMT 是在制造系统生产与管理的各个环节中，以计算机为工具，并借助人工智能技术来模拟专家智能的各种制造和管理技术的总称。简单地说，IMT 即人工智能与制造技术的有机结合。

IMT 利用计算机模拟制造业人类专家的分析、判断、推理、构思和决策等智能活动，并将这些智能活动与智能机器有机融合，将其贯穿应用于整个制造企业的各个子系统，如经营决策、采购、产品设计、生产计划、制造装配、质量保证和市场销售等，以实现整个制造企业经营运作的高度柔性化和高度集成化，从而取代或延伸制造环境中人类专家的部分脑力劳动，并对制造业人类专家的智能信息进行搜集、存储、完善、共享、继承与发展。

IMT 是制造技术、自动化技术、系统工程与人工智能等学科互相渗透、互相交织而形成的一门综合技术。

IMS 是 IMT 集成应用的环境，是智能制造模式展现的载体。它是一种智能化的制造系统，是由智能机器和人类专家结合而成的人机一体化的系统。它将智能技术融合进制造系统的各个环节，通过模拟人类的智能活动，取代人类专家的部分智能活动，使系统具有智能特征。简单地说，IMS 是基于 IMT 实现的制造系统。

IMS 在制造过程中，能自动监视其运行状态，在受到外界或内部激励时，能够自动调整参数，通过自组织达到最优状态。IMS 具有较强的自学能力，并能融合过去总是被孤立对待的生产系统的各种特征，在市场适应性、经济性、功能性、开放性和兼容能力等方面自动为生产系统寻找到最优的解决方案。

2. 智能制造的特征 和传统的制造技术相比，IMT 具有如下特征：

（1）广泛性：IMT 涵盖了从产品设计、生产准备、加工与装配、销售与使用、维修服务直至回收再生的整个过程。

（2）集成性：IMT 是集机械、电子、信息、自动化、智能控制为一体的新型综合技术。各学科不断渗透交叉和融合，学科间界限逐渐淡化甚至消失，各类技术趋于集成化。

（3）系统性：IMT 追求的目标是实现整个制造系统的智能化。制造系统的智能化不是子系统的堆积，而是能驾驭生产过程中的物质流、能量流和信息流的系统工程。同时，人是制造智能的重要来源，只有人与机器有机高度结合才能实现系统的真正智能化。

（4）动态性：IMT 的内涵不是绝对的和一成不变的。在不同的时期、不同的国家和地区，其发展的目标和内容会有所不同。

（5）实用性：IMT 是一项应用于制造业，且对制造业及国民经济的发展起重大作用的实用技术。其不是以追求技术的高新为目的，而是注重产生最好的实践效果。

IMS 是 IMT 的综合运用，这就使得 IMS 具备了一些传统制造系统所不具备的崭新能力：

自组织。自组织能力是 IMS 的一个重要标志。IMS 中的各种智能机器能够按照工作任务的要求，自行集结成一种最合适的结构，并按照最优的方式运行。

自律。自律能力即搜集与理解环境信息和自身信息，并进行分析判断和规划自身行为的能力。IMS 能根据周围环境和自身作业状况的信息进行监测和处理，并根据处理结果自行调整控制策略，以采用最佳行动方案。强有力的知识库和基于知识的模型是自律能力的基础。自律能力使整个制造系统具备抗干扰、自适应和容错等能力。

学习和自维护。IMS 能以原有的专家知识为基础，在实践中不断进行学习，完善系统知识库，并删除库中有误的知识，使知识库趋向最优。同时，还能对系统故障进行自我诊断、排除和修复。这种能力使 IMS 能够自我优化并适应各种复杂的环境。

整个制造系统的智能集成。IMS 在强调各子系统智能化的同时，更注重整个制造系统的智能集成。IMS 包括了经营决策、采购、产品设计、生产计划、制造装配、质量保证和市场销售等各个子系统，并把它们集成为一个整体，实现整体的智能化。

人机一体化。IMS 不单纯是人工智能系统，而是人机一体化智能系统，是一种混合智能。基于人工智能的智能机器只能进行机械式的推理、预测、判断。它只能具有逻辑思维，最多做到形象思维，完全做不到灵感思维，只有人类专家才真正同时具备以上三种思维能力。

3. 智能制造的关键技术

（1）智能设计技术：工程设计中，概念设计和工艺设计是大量专家的创造性思维活动的结果，需要分析、判断和决策。这些大量的经验总结和分析工作，如果靠人们手工来进行，将需要很长的时间。把专家系统引入设计领域，将使人们从这一繁重的劳动中解脱出来。

（2）智能机器人技术：智能机器人应具备以下功能特性：视觉功能——机器人能借助其自身所带工业摄像机，像人眼一样观察；听觉功能——机器人的听觉功能实际上是话筒，能将人们发出的指令，变成计算机能接收的电信号，从而控制机器人的动作；触觉功能——机器人携带的各种传感器；语音功能——机器人可以和人们直接对话；分析判断功能——机器人在接受指令后，可以通过对知识库中的资料进行分析、判断、推理，自动找出最佳的工作方案，做出正确的决策。

（3）智能诊断技术：除了计算机的自诊断（包括开机诊断和在线诊断）外，还可以实现故障分析、原因查找和故障的自动排除，保证系统在无人的状态下正常工作。

（4）自适应技术：制造系统在工作过程中受多因素影响，如材料的材质、加工余量的不均匀、环境的变化等。在线的自动检测和自动调整是实现自适应功能的关键技术。

（5）智能管理技术：加工过程仅仅是企业运行的一部分，产品的发展规划、市场调研分析、生产过程的平衡、材料采购、产品销售、售后服务，甚至整个产品的生命周期都属于管理的范畴。因此，智能管理技术应解决对生产过程的自动调度，信息的收集、整理与反馈，以及企业的各种资料库的有效管理等问题。

（6）并行工程：并行工程是集成、并行地设计产品及相关过程的系统化方法，通过组织多学科产品开发小组、改进产品开发流程和利用各种计算机辅助工具等手段，使多学科产品开发小组在产品开发初始阶段就能考虑下游的可制造性、可装配性、质量保证等因素，从而达到缩短产品开发周期、提高产品质量、降低产品成本、增强企业竞争力的目标。

（7）虚拟制造技术：虚拟制造是建立在利用计算机完成产品整个开发过程这一构想基础之上的产品开发技术。它综合应用建模、仿真和虚拟现实等技术，提供三维可视交互环境，对从产品概念到制造全过程进行统一建模，并实时、并行地模拟出产品未来制造的全过程，以期在进行真实制造活动之前，预测产品的性能、可制造性等。

（8）计算机网络与数据库技术：计算机网络与数据库的主要任务是采集 IMS 中的各种数据，以合理的结构存储它们，并以最佳的方式、最少的冗余、最快的存取响应为多种应用服务，与此同时，为这些应用共享数据创造良好的条件，从而使整个制造系统中的各个子系统实现智能集成。

七、绿色制造

绿色制造是解决全球出现的资源枯竭、环境污染、能源危机等众多问题的有效措施，是符合可持续发展的优良模式，是未来机械制造产业发展的必由之路。

1. 绿色制造的概念　绿色制造又称为环境意识制造、面向环境的制造，是综合考虑环境影响和资源消耗的现代制造模式，是一种新型的制造工艺技术。

2. 绿色制造的核心技术　绿色制造主要有三种比较好的工艺类型。一是绿色节能型的工艺，也就是在机械产品的制造过程当中，对能够降低能源消耗的工艺技术进行合理使用。二是资源节约型的工艺，也就是在产品的生产过程中，对生产过程进行合理、有效简化，然后使用能够进一步降低材料损耗的工艺。三是环保类型的生产工艺，这种工艺是绿色制造的关键所在，经过一种比较科学的新型加工手段，对机械生产过程中的废液、废料等物品进行合理处理，从而尽可能地使这些废弃物品减少对环境的污染。这三类工艺就能够使得绿色制造技术在机械制造中得到充分使用，能够进一步降低机械生产对环境造成的污染。

绿色制造技术，包括干式切削加工、绿色冷却切削加工、绿色清洁表面技术和绿色机床加工技术。

（1）干式切削加工：在机械加工时不使用任何冷却介质而进行的机械加工生产。

（2）绿色冷却切削加工：将冷却介质输入切削系统。介质分为液体和气体两种。根据介质不同可分为射流加工和喷雾加工。

（3）绿色清洁表面技术：通过离子束辅助镀膜技术和新型节能表面涂装技术，清洁零件表面。

（4）绿色机床加工技术：例如，高速复合机床加工技术，能提高机床加工切削速度，缩短换刀时间，提高进给速度，有效提升机床工作效率，降低能耗。不同的绿色制造工艺技术有不同的使用特点，在使用时，应根据具体产品的生产环境来选择合适的制造工艺。

3. 绿色制造的发展前景

（1）绿色制造是人类社会现实要求，资源与成本的控制要求我们必须实行绿色制造。

（2）科技进步推动绿色制造行业的发展。

（3）绿色制造将带动更多的新型行业形成，也是新的社会经济增长点。

（4）环境管理标准是企业发展绿色制造行业的准则。

综上所述，绿色制造是制造业发展的必然道路，是减少资源消耗、降低污染、推动可持续发展、创建和谐社会的重要保障。

第三节　快速原型制造技术

一、快速原型技术

快速原型技术（rapid prototyping technology，简称 RP）是 20 世纪 80 年代中期发展起来的一种新的制造技术。快速原型技术是用离散分层的原理制作产品原型。其原理为：产品三维 CAD 模型→分层离散→按离散后的平面几何信息逐层加工堆积原材料→生成实体模型。该技术集计算机技术、激光加工技术、新型材料技术于一体，依靠 CAD 软件，在计算机中建立三维实体模型，并将其切分成一系列平面几何信息，以此控制激光束的扫描方向和速度，采用黏结、熔结、聚合或化学反应等手段逐层有选择地加工原材料，从而快速堆积制作出产品实体模型。比较成熟的快速原型技术成形方法有以下几种：

1. 光固化法/SL 法（stereo lithography）　该技术以光敏树脂为原料，将计算机控制下的紫外激光以预定零件分层截面的轮廓为轨迹对液态树脂逐点扫描，使被扫描区的树脂薄层产生光聚合反应，从而形成零件的一个薄层界面。当一层固化完毕后，托盘下降，在原先固化好的树脂表层再敷上一层新的液态树脂以便进行下一层扫描固化。新固化的一层牢固地黏合在前一层上，如此重复直到整个零件原型制造完毕。SL 法原理图如图 7-4 所示。

SL 法是第一个投入商品应用的快速原型技术。这种方法的特点是精度高、表面质量好、原材料利用率将近 100%，适合制造壳体类零件及形状复杂、特别精细（如首饰、工艺品等）的零件。

2. 叠层制造法/LOM 法（laminated object manufacturing）　如图 7-5 所示，LOM 法工艺将单面涂有热溶胶的纸片通过加热辊加热黏接在一起，位于上方的激光器按照 CAD 分层模型所获数据，用激光束将纸切割成所制零件的内外轮廓，然后新的一层纸再叠加在上面，通过热压装置和下面已切割层黏合在一起，激光束再次切割，这样反复逐层切割、黏合、切割、黏合，直到整个零件模型制作完成。该法只需切割轮廓，特别适合制造实心零件。

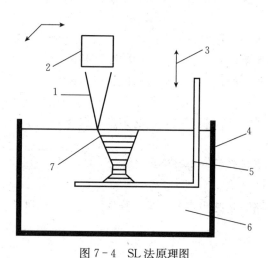

图 7-4　SL 法原理图

1. 激光束　2. 扫描镜　3. Z 轴升降　4. 树脂槽

5. 托盘　6. 光敏树脂

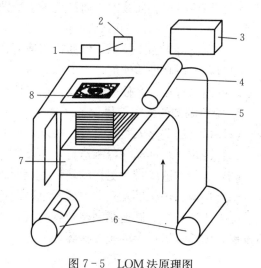

图 7-5　LOM 法原理图

1. X-Y 扫描系统　2. 光路系统　3. 激光器　4. 加热器

5. 纸料　6. 滚筒　7. 工作平台　8. 加工平面

3. 激光选区烧结法/SLS 法（selective laser sintering）　如图 7-6 所示，SLS 法能源采用 CO_2 激光器，其使用的造型材料多为各种粉末材料。在工作台上均匀铺上一层很薄（100～200 μm）的粉末，激光束在计算机控制下按照零件分层轮廓有选择性地进行烧结，一层完成后再进行下一层烧结。全部烧结完后去掉多余的粉末，再进行打磨、烘干等处理便可获得零件。发展较成熟的工艺材料为蜡粉及塑料粉。用金属粉或陶瓷粉进行直接烧结的工艺正在实验研究阶段。可用于制作 EDM（电火花加工）电极、直接制造金属模以及进行小批量零件生产，具有诱人的前景。

4. 熔积法/FDM 法（fused deposition modeling）　如图 7-7 所示，FDM 法工艺的关键是保持半流动成型材料刚好在熔点之上（通常控制在比熔点高 1 ℃左右），FDM 喷头受 CAD 分层数据控制，使半流动状态的熔丝材料从喷头中挤压出来，凝固形成轮廓形状的薄层，一层叠一层，最后形成整个零件模型。

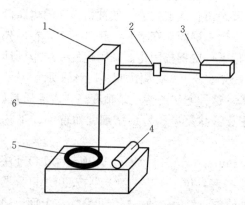

图 7-6　SLS 法原理图

1. 扫描镜　2. 透镜　3. CO_2 激光器

4. 压平辊子　5. 零件原型　6. 激光束

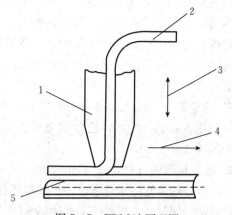

图 7-7　FDM 法原理图

1. 加热装置　2. 丝材　3. Z 向送丝

4. X-Y 向驱动　5. 零件原型

此外还有三维打印法、漏板光固化法等工艺。

二、快速原型技术特点

（1）能由产品的三维计算机模型直接制成实体零件，而不必设计、制造模具，因而制造周期大大缩短（由几个月或几周缩短为十几小时甚至几小时）。

（2）能制造任意复杂形状的三维实体零件而无需机械加工。

（3）能借电铸、电弧喷涂技术进一步由塑胶件制成金属模具，或者能将快速获得的塑胶件当作易熔铸模（如同失蜡铸造）或木模，进一步浇铸金属铸件或制造砂型。

快速原型技术将传统的"去除"加工法（由毛坯切去多余材料形成零件）改变为"增加"加工法（将材料逐层积累形成零件），从根本上改变了零件制造过程。人们普遍认为，快速原型技术如同数控技术一样，是制造技术的重大突破，它的出现和发展必将极大地推动制造技术的进步。

复 习 思 考 题

1. 简述高速电主轴的结构。
2. 简述高速加工机床与普通机床进给系统的区别。
3. HSK 工具系统是如何实现定位夹紧的？
4. 什么是并行工程？它的特点是什么？
5. 简述敏捷制造的含义。何谓敏捷虚拟企业？
6. 什么是精益生产？它的特征是什么？
7. 虚拟制造有哪些关键技术？
8. 网络化制造的基本特征是什么？
9. 什么是智能制造？它的特征是什么？
10. 智能制造的关键技术有哪些？
11. 简述快速原型技术的原理与分类。

参 考 文 献

陈刚，刘迎军，2014. 车工技术 [M]. 北京：机械工业出版社.

陈君达，2000. 机械制造基础：下册 [M]. 北京：中国农业出版社.

邓文英，宋力宏，2016. 金属工艺学：下册 [M]. 北京：高等教育出版社.

郭建烨，于超，2016. 机械制造技术基础 [M]. 北京：北京航空航天大学出版社.

侯书林，2009. 机械制造基础：下册 [M]. 北京：中国农业出版社.

侯书林，2011. 机械制造基础：下册 [M]. 北京：北京大学出版社.

侯书林，于文强，2012. 金属工艺学 [M]. 北京：北京大学出版社.

侯书林，张建国，2012. 机械制造技术基础 [M]. 北京：北京大学出版社.

胡翔云，2007. 机械制造基础 [M]. 上海：上海交通大学出版社.

贾亚洲，2015. 金属切削机床概论 [M]. 2版. 北京：机械工业出版社.

李爱菊，2005. 现代工程材料成形与机械制造基础 [M]. 北京：高等教育出版社.

李耀刚，2013. 机械制造技术基础 [M]. 武汉：华中科技大学出版社.

李益民，2013. 机械制造工艺简明手册 [M]. 北京：机械工业出版社.

李玉平，2010. 机械制造基础 [M]. 北京：北京邮电大学出版社.

卢秉恒，2005. 机械制造技术基础 [M]. 北京：机械工业出版社.

陆剑中，2015. 金属切削原理与刀具 [M]. 5版. 北京：机械工业出版社.

邵刚，2004. 金工实训 [M]. 北京：电子工业出版社.

王伯平，2013. 互换性与测量技术基础 [M]. 4版. 北京：机械工业出版社.

王国顺，2001. 机械制造基础：下册 [M]. 武汉：武汉大学出版社.

王先逵，2007. 机械制造工艺学 [M]. 北京：机械工业出版社.

魏峥，2004. 金工实训教程 [M]. 北京：清华大学出版社.

吴恒文，2004. 机械加工工艺基础 [M]. 北京：高等教育出版社.

于骏一，邹青，2004. 机械制造技术基础 [M]. 北京：机械工业出版社.

张世昌，李旦，高航，2007. 机械制造技术基础 [M]. 北京：高等教育出版社.

朱仁盛，2010. 机械常识 [M]. 北京：高等教育出版社.